中等职业教育服装设计与

U0670653

服装缝制工艺基础

FUZHUANG FENGZHI GONGYI JICHU

主 编／王 琳　解冬梅

参 编／纪虹霞　王 敏

重庆大学出版社

图书在版编目(CIP)数据

服装缝制工艺基础/王琳,解冬梅主编. -- 重庆:
重庆大学出版社, 2022.7
中等职业教育服装设计与工艺专业系列教材
ISBN 978-7-5689-1965-4

Ⅰ.①服…　Ⅱ.①王…　②解…　Ⅲ.①服装缝制—中
等专业学校—教材　Ⅳ.①TS941.634

中国版本图书馆 CIP 数据核字(2020)第 008745 号

中等职业教育服装设计与工艺专业系列教材

服装缝制工艺基础

主　编　王　琳　解冬梅

策划编辑:杨　漫

责任编辑:夏　宇　　版式设计:杨　漫

责任校对:邹　忌　　责任印制:赵　晟

重庆大学出版社出版发行

出版人:饶帮华

社址:重庆市沙坪坝区大学城西路 21 号

邮编:401331

电话:(023)88617190　88617185(中小学)

传真:(023)88617186　88617166

网址:http://www.cqup.com.cn

邮箱:fxk@ cqup.com.cn(营销中心)

全国新华书店经销

重庆巍承印务有限公司印刷

开本:787mm×1092mm　1/16　印张:12.75　字数:296 千
2022 年 7 月第 1 版　2022 年 7 月第 1 次印刷
ISBN 978-7-5689-1965-4　定价:55.00 元

本书如有印刷、装订等质量问题,本社负责调换

目　录

实践篇

成衣篇

基础篇

　　服装缝制工艺基础知识是服装制作的基本手段和方法，主要包括服装工艺文件基础知识、机缝工艺基础知识和熨烫工艺基础知识。

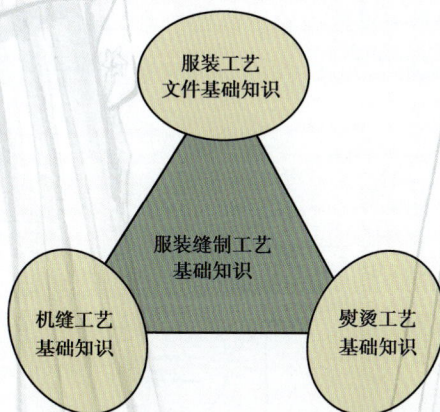

服装工艺
文件基础知识

服装缝制工艺
基础知识

机缝工艺
基础知识

熨烫工艺
基础知识

>>>>>> 项目一
服装工艺文件基础知识

服装工艺文件是一项最重要、最基本的技术文件。它反映了产品工艺流程的全部技术要求,是指导产品加工和工人操作的技术法规,也是产品质量检查、验收、交流以及总结制造与操作经验的主要依据。

项目内容

一、服装制作的依据和要素

1. 服装款式图

服装款式图是以线条来描绘服装款式的外形,具有直观、简明的特点,能够突出服装的工艺特征,是服装文件的组成部分,一般包括正视图和背视图,根据需要还可以增加侧视图和局部图(图 1-1-1)。

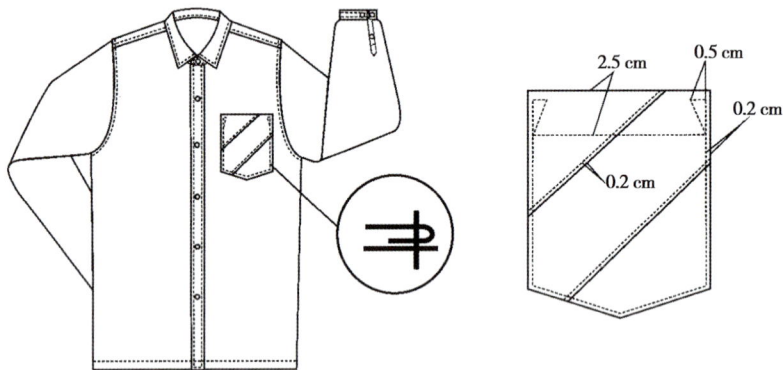

图 1-1-1　服装款式图

2. 服装外形概述

服装外形概述是针对款式外形特征所进行的简要文字说明,以帮助制作者对款式图进行理解。

3. 服装规格

服装规格由服装成品规格和部分部位与部件的小规格组成。如上装由衣长、胸围、领围、袖长、袖口等组成,下装由裤(裙)长、腰围、臀围、上裆、脚口等组成。

4. 服装质量要求

服装质量要求是指对规格、外观、缝纫、熨烫等方面提出要求。

二、工艺流程的相关知识

1. 工艺流程

工艺流程是指整件服装或服装的某一部件在流水作业的生产加工过程中应经过的路线和程序,由专业技术人员制订,以工艺流程图(图 1-1-2)或工序分析表(表 1-1-1)的形式展现。工艺流程图直观明了,工序分析表详细明确,便于直接的工艺指导。本教材主要介绍工艺流程图。

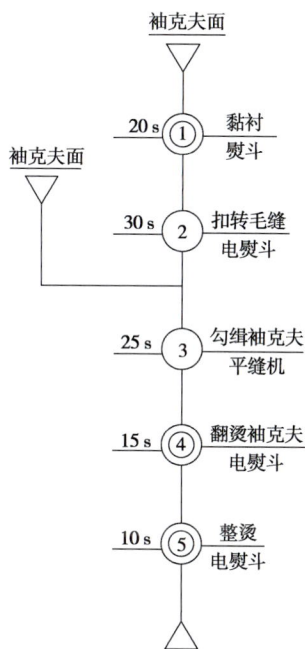

袖克夫面

20 s ① 黏衬
　　　熨斗

袖克夫面

30 s ② 扣转毛缝
　　　电熨斗

25 s ③ 勾缉袖克夫
　　　平缝机

15 s ④ 翻烫袖克夫
　　　电熨斗

10 s ⑤ 整烫
　　　电熨斗

图 1-1-2　工艺流程图

表 1-1-1　工序分析表

工艺图	工序号	工序名称	缝型	使用机种	加工时间/s
	6-01	袋盖对称		手工	0.91
	6-02	机缝袋盖里面		平缝机	0.52
	6-03	翻烫袋盖		烫袋盖机	0.42

2. 服装工艺流程文件的内容

服装工艺流程文件包括整件服装的所有加工工序名称、工序号、工作内容、加工顺序、所耗费的加工时间以及所有工具装备或设备等内容。

3. 工序分析

工序分析是指对基本材料进行加工使之成为成品过程的所有作业分解,包括明确各加工步骤的作业性质、先后顺序、所用设备以及所耗费的时间等内容,以便有效地利用劳动力和设备,将产品快速且低成本地制作出来。

4. 工艺流程图的表达方式

工艺流程图的表达方式如图 1-1-3 所示。

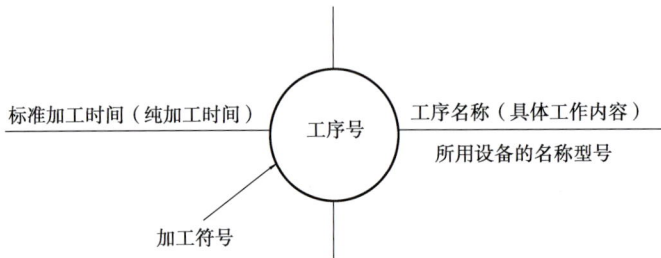

图 1-1-3　工艺流程图的表达方式

5. 工序加工符号

通常使用不同的图形记号作为加工符号,以区分各种工序的作业性质,也可根据实际需要自行制订某些加工符号(表 1-1-2)。

表 1-1-2　工序加工符号

记号	◯	◯(斜线)	◎	⊙	◇	△	▽
内容说明	平缝机作业	专用缝机作业	手烫、手工作业	整烫作业	检验	停滞作业	开始作业

6. 工艺流程的填写形式

一般设"基本裁片"为大部件,"碎料"为小部件。填写工艺流程时,大、小部件位置的摆放可参照图 1-1-4 所示的方法,也可根据服装款式或习惯填写。

7. 生产工艺卡

工序工艺是指对服装加工过程中每道工序所涉及的制作方法、工艺及质量标准等内容提出的技术要求。工序工艺文件是具体指导每道工序操作的一种工艺技术文件,有生产工艺册和生产工艺卡两种。生产工艺卡是将服装制作过程中每道工序的工艺技术要求、所用设备等相关内容制成一张卡片,挂在相应工序的工作台上方,便于对照查阅(图 1-1-5)。

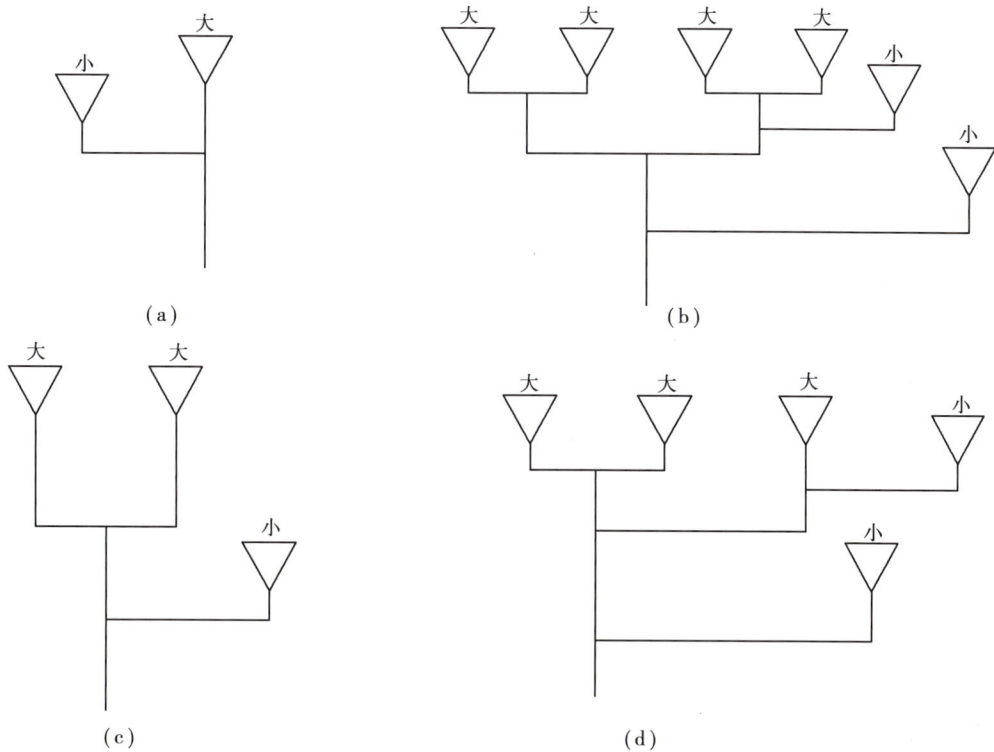

(a)

(b)

(c)

(d)

图 1-1-4　工艺流程图的填写形式

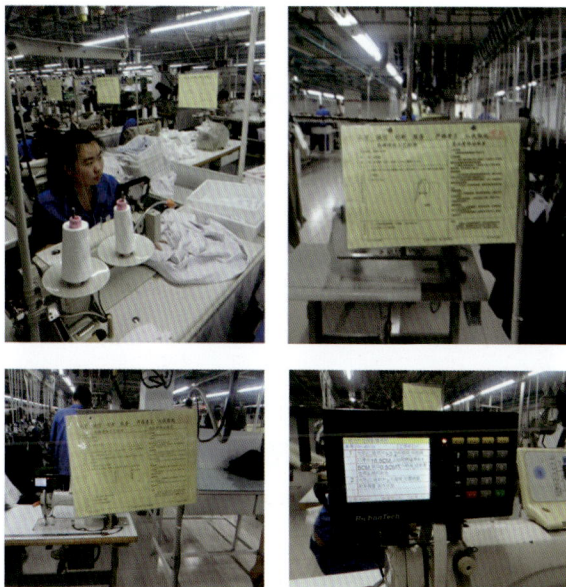

图 1-1-5　生产工艺卡的应用

项目拓展

组织学生到校外实训基地(合作企业)参观考察,了解本节知识在实际生产中的具体运用。密切关注工作台上方的生产工艺卡,理解并掌握其所包含的内容及具体内容的编写。

>>>>>>>> 项目二
机缝工艺基础知识

机缝工艺是指利用缝纫设备缝制服装的加工手段。随着科学技术的进步和服装机械设备的创新与发展,现代服装生产中机缝工艺占整个缝制工艺的比重也越来越大。

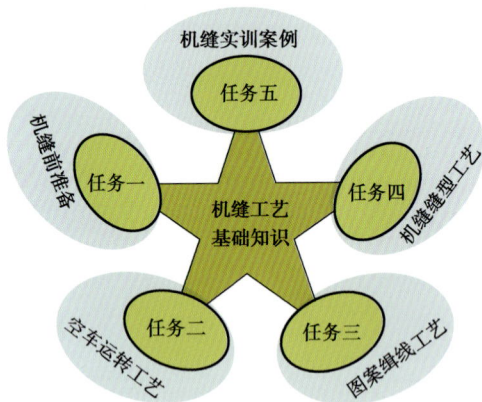

任务一　机缝前准备

任务目标

①熟练工业平缝机使用前的安全准备工作,进一步了解工业平缝机的基本结构。
②掌握工业平缝机的穿针引线、缠绕、装底线,以及线迹、线距调节等正常使用操作。

任务内容

一、常用缝纫设备

缝纫设备主要分为家用缝纫设备和工业缝纫设备两大类。家用缝纫设备种类较单一,适于家庭缝纫工作。工业缝纫设备种类繁多,随着机械技术的发展,按照不同功能和工艺技术要求制成的各种专用缝纫机也在不断升级换代,下面我们就简单地介绍一下常用的平缝机和包缝机。

1.家用缝纫机
家用缝纫机分为脚踏缝纫机和电动多功能缝纫机两种(图 1-2-1—图 1-2-3)。

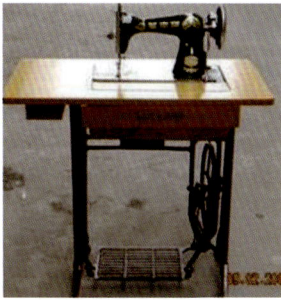

图 1-2-1　脚踏缝纫机　　　　　图 1-2-2　电动多功能迷你缝纫机　　　　　图 1-2-3　电动多功能缝纫机

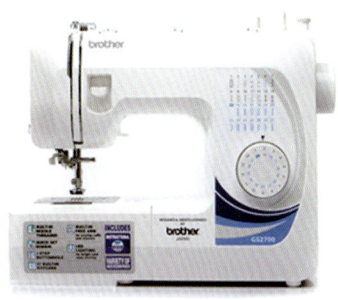

2. 平缝机

平缝机一般由动力系统、操作控制机构、针码密度调节机构、送布机构等组成,能完成屏风操作(图 1-2-4、图 1-2-5)。

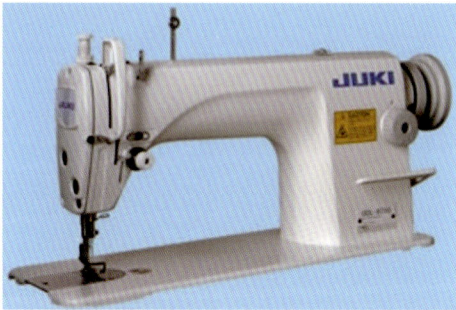

图 1-2-4　单针平缝机　　　　　　　　　　图 1-2-5　高速自动切线平缝机

3. 包缝机

包缝机也称拷边机,主要用于包锁布料的裁断边缘,防止纤维脱散,可分为三线包缝机、四线包缝机、五线包缝机等(图 1-2-6—图 1-2-8)。

图 1-2-6　三线包缝机　　　　　图 1-2-7　四线包缝机　　　　　图 1-2-8　五线包缝机

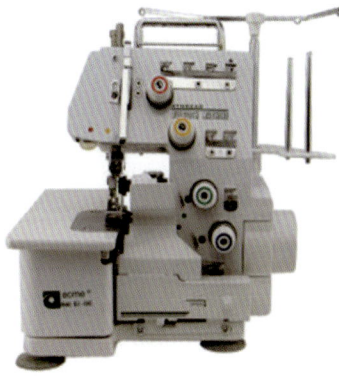

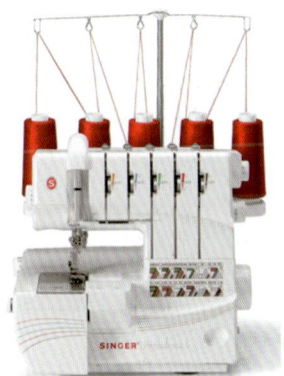

二、常用机缝工具

1. 机针

机针型号可分为 9 号、11 号、14 号、16 号、18 号，号码越小机身越细，号码越大机身越粗。与手针相反，机针所有规格长短一致。选用机针的原则是，缝料越厚越硬，机针越粗；缝料越薄越软，机针越细。

2. 缝纫线

缝纫线的选用原则在粗细上与机针的选用原则一致，符合工艺要求，主要包括涤纶线、丝线、棉线等。

3. 锥子

锥子是缝纫时的辅助工具，主要用于拆除缝合线，挑领尖、衣角等，同时在车缝时用于轻推衣料，以防止车缝不均匀。

4. 镊子

镊子是缝纫时的辅助工具，用于包缝机的辅助穿线，或车缝时拔取线头和疏松缝料。

三、电动平缝机使用常识

1. 开关

电动平缝机的开关一般由红、绿两色按钮组成，绿色按钮上标有"开"或"ON"，红色按钮上标有"关"或"OFF"。按下绿色按钮，电机运转，按下红色按钮，电机停止运转（图1-2-9）。

2. 膝控器

操作时只需将右腿向右推动膝控器就可将压脚抬起，离开膝控器，压脚就会放下（图1-2-10）。

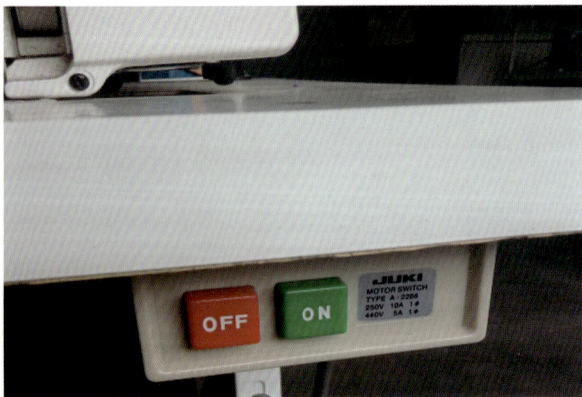

图 1-2-9　开关

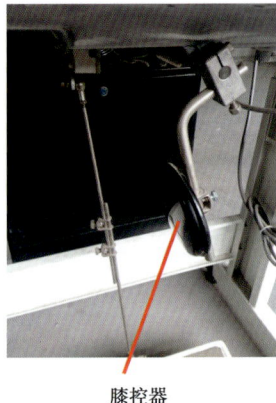

膝控器

图 1-2-10　膝控器

3.踏板

电动平缝机为脚控离合式电机。离合器(踏板)很灵敏,脚踏的力量越大,缝纫速度越快。通过脚踏力度的大小来控制缝纫速度的快慢(图1-2-11)。

4.倒顺扳手

在起缝或终止缝纫时,为了加固衣料防止缝线脱散,需按下倒顺扳手(打倒回针),改变缝料送进方向,松开扳手,缝料恢复正常移动(图1-2-12)。

5.针距旋钮

根据不同缝料的质地选择针距。旋动针距旋钮,进行针距长短调节。逆时针方向,针距变大;顺时针方向,针距变小(图1-2-12)。

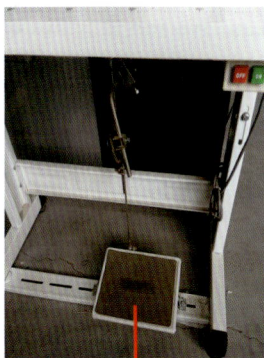

踏板

图1-2-11　踏板

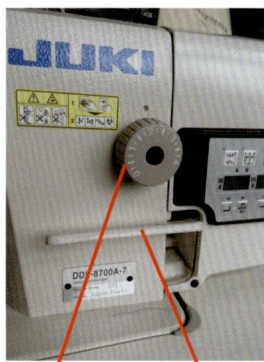

针距旋钮　　倒顺扳手

图1-2-12　倒顺扳手和针距旋钮

四、机缝前的操作准备

1.安装机针

空车练习熟练后,把机针装上。号小针细,形成的针孔小;号大针粗,形成的针孔大。薄料用细针,厚料用粗针。装针的具体方法如下:

①转动上轮使机针上升到最高位置。

②旋松顶针螺丝,将机针长槽朝向操作者左面。

③把针柄插入针杆下部的针孔内并尽量向上,使其碰到机针顶部螺丝。

④拧紧机针顶部螺丝。

2.装面线、底线、梭芯及梭套

(1)穿面线和引底线

①穿面线。自线团来的面线,先穿入机头顶部过线板的下孔,经过夹线板,从过线板的上孔穿出,再经过三眼穿线器的三个眼线,向下套入夹线器的夹线板之间,接着勾进挑线簧,绕过缓线调节钩,向上勾进右线钩,然后穿过挑线杆的线孔,向下勾进左线钩、针杆套筒、针

杆线钩,最后将缝线自左向右穿过机针的孔内,并引出 10 cm 左右的备用线。

②引底线。引底线时,先将面线捏住,转动上轮,使针杆向下运动,并回升到最高位置,然后拉起捏住的面线线头,底线即被牵引上来,最后把底、面线一起置于压脚底部。

(2)绕底线

把梭芯套入绕线器轴的顶端,将准备好的线先穿入过线架的线孔中,再夹入两块夹线板的中间,然后把线头在梭芯绕 2～3 圈,把满线跳板向下摁压,绕线轮即压向皮带,在缝纫过程中就能自动绕线。梭芯绕满后能自动跳开并停止。

梭芯线应排列整齐而紧密,如松浮不紧,可加大夹线板的压力。如排列不齐,则要移动过线架的位置进行调整,梭芯线不要绕得太满,一般绕到小于梭芯外径 0.5～1 mm。

(3)取梭芯和装梭芯

①取梭芯。先拨动上轮使针杆升到最高位置,然后拉升推板,并扳起梭芯套上的梭门盖,向外拉出,取出梭芯套后,闭合梭门即可将梭芯从梭芯套中倒出。

②装梭芯。梭芯装入梭芯套时应拉出一段线头,注意梭芯装入的方向,拉出的线应顺着梭芯套上梭皮的开口方向。梭芯装入套内后,将露出的线头嵌入梭芯套的缺口内,并滑过梭皮底,从梭皮叉口处拉出。

③将梭芯套入梭床。拨动上轮,使机针升到最高位置,拉开推板,扳开梭门盖,使梭芯上缺口向上,将梭芯套套在旋松的中心轴上并推到底,听到"啪"的一声,这时转动一下上轮,看梭芯套是否随着转动或掉出,如果不转、不掉出,说明已经装好了。

3.针迹、针距的调节

(1)针迹的调节

针迹清晰、整齐,针距密度合适都是衡量缝纫质量的要素。针迹的调节一般是靠旋紧或旋松面线的夹线弹簧螺钉,有时也会调节梭皮螺钉的松紧,使底面线松紧适度。针迹调节必须按衣料的厚薄、松紧、软硬合理进行。缝薄、松、软的衣料时,底面线应适当放松,压脚压力减小,送布牙也应适当放低,这样缝纫时可避免皱缩现象。表面起绒的衣料,为使线迹清晰,可以略将面线放松。卷缉贴边时,因是反缉可将底线略放松。缝厚、紧、硬的衣料时,底面线应适当紧些,压脚压力要加大,送布牙应适当抬高,以便送布。

(2)针距的调节

机缝前必须先将针距调好。缝纫针距要适当,针距过稀不美观,易影响成衣牢度;针距过密也不好看,易损伤衣料。一般情况下,薄料、精纺料 3 cm 长度宜 14～18 针,厚料、粗纺料 3 cm 长度宜 8～12 针。

任务评价表

评价项目	质量要求	分值/分	评分标准	得分/分
时间	在规定时间内完成	2	每超过规定时间的1/3,扣1分	
质量	能辨别缝纫设备用途	3	不同机型缝纫机的认识,辨别错一处扣1分,扣完为止	
	认识机缝常用工具	2	机针号型识别清晰,错一处扣1分,扣完为止	
	能熟记平缝机使用常识	3	熟记常用部位使用规则,错一处扣1分,扣完为止	
	熟记机缝准备前操作	6	按操作程序使用缝纫机,错一处扣1分,扣完为止	
设备	设备操作准确无误	2	设备操作失误,有损机器,扣1~2分	
安全	安全文明生产	2	操作中出现安全事故,扣1~2分	
检查结果统计		20		

注:可根据学生对上述内容的掌握程度进行考核,以20分为1轮,五轮为100分。

任务二　空车运转工艺

任务目标

①掌握机缝操作要领,能够熟练灵活地掌控机车的运转,做到手脚配合协调。

②能够准确地进行空车缉纸练习,符合操作要求。

任务内容

一、机缝的操作要领

①无特殊要求时,机缝一般要保持上下松紧一致,上下衣片缝份宽窄一致。由于缝纫时,下层衣片受到送布牙的直接推送作用走得较快,上层衣片受到压脚的阻力和送布牙的间接推送走得较慢,衣片缝合后会产生上层长、下层短,或缝合的衣缝有松紧、皱缩等现象,因此要采取相应的操作方法。在开始缝合时要注意手势,左手向前稍推送上层衣片,右手把下层衣片稍拉紧,不宜用手拉时,可借助锥子来控制松紧,这样才能使上下衣片始终保持一致。

长短一致,不起涟形,这是机缝中最基本的操作要领。

②机缝的起落针根据需要可缉倒回针或打线结收牢,机缝断线一般可以重叠接线,但倒回针或断线交接均不能出现双轨。

③各种机缝缝型沿缝分开或沿缝坐倒或翻转,如无特殊要求均要沿缝分足,不要有虚缝。

④卷边缝、压止口和各种包缝的第二道缉线也要注意上下层的松紧一致。如果上下层缝料错位、丝绺不正时,虽然不会形成长短不齐,但会形成斜向的涟形。

二、空车运转训练

空车运转前扳起压脚杆扳手,避免压脚与送布牙相互摩擦。具体要求如下:

①身体坐正,凳子不高不低,正对机头正杆部位。

②按下开关上的绿色按钮开机。

③右脚放在脚踏板上,右膝靠在膝控器上,练习抬、放压脚。

④抬起压脚(用手控压脚扳手),轻踏踏板,缓慢用力,缝纫机即开始转动,停机时要迅速用脚踏下踏板。

经练习,逐渐掌握慢转、快转、随意停转,实现操纵自如。

三、空车缉纸练习

在比较好地掌握空车运转的基础上,安装机针,在纸上进行不引线的缉线练习。先缉直线后缉弧线,然后进行不同距离的直线、弧线练习,还可以练习不同形状的几何图形,使手、脚、眼协调配合,做到纸上的针孔整齐,直线不弯,弧线圆顺,短针迹或转弯不出头。

1.缉直线

①在图纸上用划粉画一条直线,沿粉印车缝,针距为 3 cm 12 ~ 15 针。

②将压脚的左外侧边对齐第一条车缝针迹进行车缝。

③距离第二条车缝针迹 1 cm(或 0.1 cm、0.15 cm、0.4 cm、0.6 cm、0.8 cm、1.2 cm、1.5 cm)进行车缝(图 1-2-13)。

2.缉角线

①在机针到达角的部位时,务必在机针刺入纸的状况下再抬起压脚转换方向。

②针距 3 cm 12 ~ 15 针,针迹的宽度、折线的角度、平行线平齐(图 1-2-14)。

3.缉倒回针

倒回针是对缝迹的加固,在缝纫过程中,起针、落针需加固的部位均要缉倒回针(图 1-2-15)。

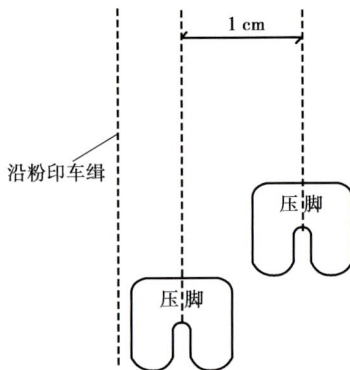

图 1-2-13 缉直线

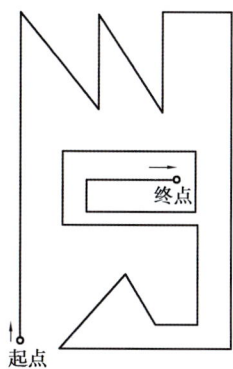

图 1-2-14　缉角线

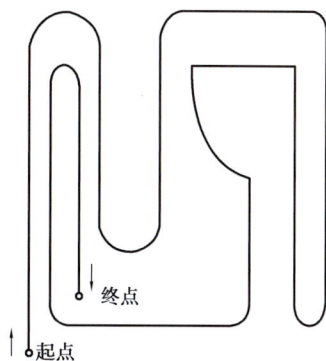

图 1-2-15　倒回针

工业平缝机一般有倒回针装置，操作时只需按一下倒回针装置，用腿靠一下压脚抬杆，稍抬压脚，就可以缉倒回针。

倒回针一般可重复来回缝 2～3 道，长度大多控制在 0.3～0.5 cm，约 3 针，注意不要重复过多。

4. 缉弧线

要求弧线圆顺、流畅，不能出现棱角，让学生逐渐体会缉直线与缉弧线时手法的不同（图1-2-16）。

5. 缉几何图形、直角转弯

图形中尽量包括直线、弧线、短针迹等（图 1-2-17）。逐步提高难度，训练学生手、脚、眼的配合能力，达到纸上的针孔整齐、直线顺直、弧线无棱角、转角针迹方正无缺口、短针迹不出头。在转角时要把机针刺入缝料，抬起压脚的同时转动缝料，到要起针处再放下压脚继续缝纫。

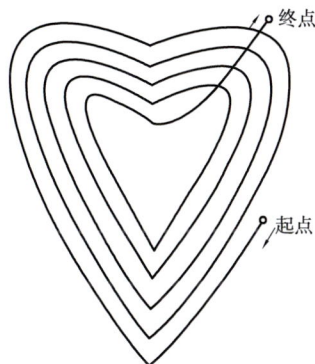

图 1-2-16　缉弧线

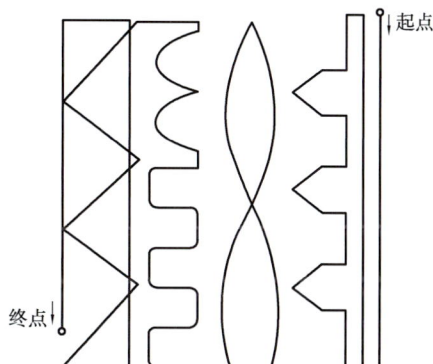

图 1-2-17　缉几何图形、直角转弯

任务评价表

评价项目	质量要求	分值/分	评分标准	得分/分
时间	在规定时间内完成	2	每超过规定时间的1/3,扣1分	
质量	产品整洁、无脏污	3	产品有污渍,每处扣0.5~1分	
	纸面松紧适宜,无皱缩、不平现象	2	纸面不平整,松紧不适宜,每处扣0.5~1分	
	线迹均匀、整齐,针距密度按要求	3	针迹、针距不符合标准,每处扣0.5~1分	
	缉线按图纸要求	6	缉线不按图纸要求,每处扣1分	
设备	设备操作准确无误	2	设备操作失误,有损机器,扣1~2分	
安全	安全文明生产	2	操作中出现安全事故,扣1~2分	
	检查结果总计	20		

注:考核时可根据情况从以上图形中挑出五种进行考核,每个图形占20分,总分100分。

任务三　图案缉线工艺

任务目标

①熟练掌握机车的穿针引线,做到手、脚、眼配合协调。

②熟练掌握线迹、线距的调节,使其符合工艺要求标准。

③缉线能够按照图纸要求熟练操作,运用自如,提高车缉速度。

任务内容

1.缉平行线

①在纸上分别画出直形、弧形的平行线,间隔距离为0.2~2 cm,然后按线印进行缉线练习,针距为3 cm 12~15针。

②缉线时,要严格控制线与线之间的距离,使之保持平行(图1-2-18)。

2.缉弧线

①放松线和压脚,让布自然行进。

②按画粉印车缝,针距为3 cm 14~18针。开始时要一针一针慢速车缝,然后逐渐加快缝速,直到合格为止(图1-2-19)。

3.缉几何图形

缉几何图形缉到转角处,一般应使机针留在针板的容针孔中,再抬压脚,对准将要缝的方向,转角处尖而挺,不得漏针,针距为 3 cm 12～15 针(图 1-2-20)。

4.缉图纸综合训练

缉图纸综合训练,针距为 3 cm 12～15 针,机缝训练要求线迹均匀、整齐、美观,松紧适宜;纸面无皱缩、不平现象(图 1-2-21)。

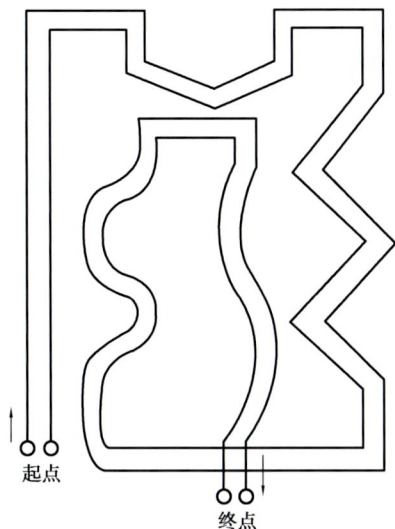

图 1-2-18　缉平行线

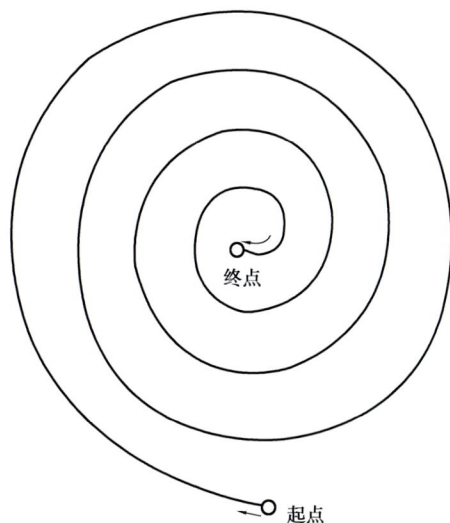

图 1-2-19　缉弧线

图 1-2-20　缉几何图形

（a）

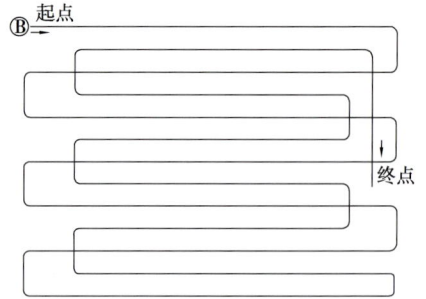

（b）

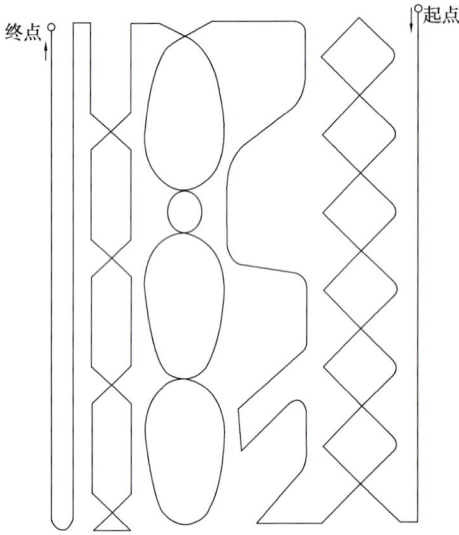

（c）

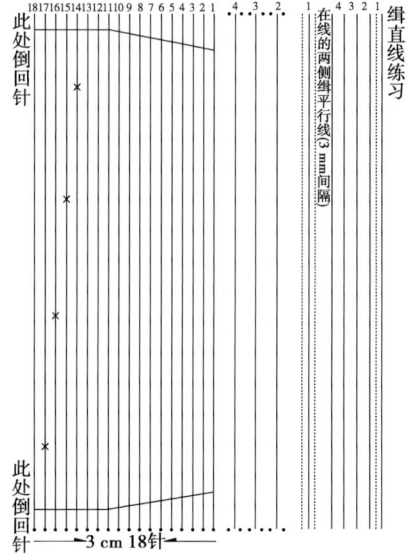

（d）

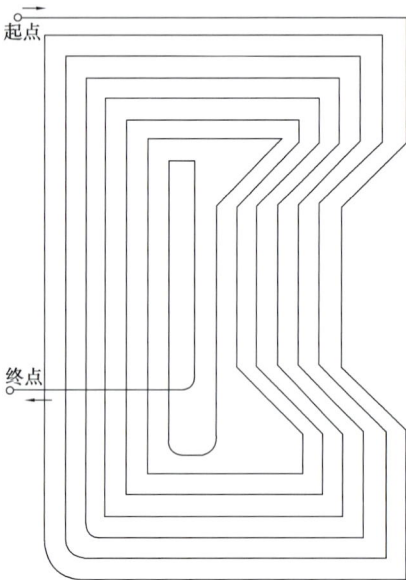

（e）

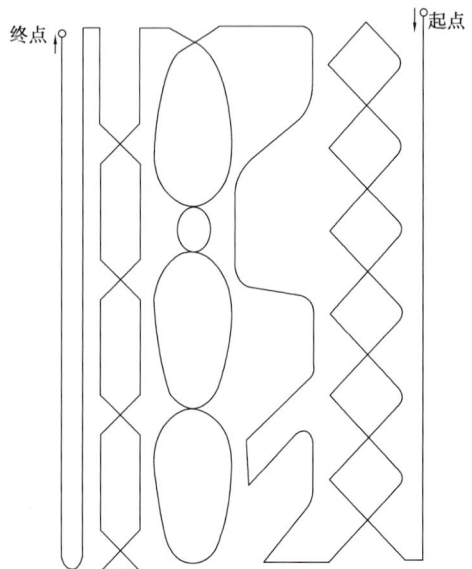

（f）

图 1-2-21　缉图纸综合训练

任务评价表

评价项目	质量要求	分值/分	评分标准	得分/分
时间	在规定时间内完成	2	每超过规定时间的1/3,扣1分	
质量	产品整洁、无线头	3	产品有污渍或线头,每处扣0.5～1分	
	布面松紧适宜,无皱缩、不平现象	2	布面不平整,松紧不适宜,每处扣0.5～1分	
	线迹均匀、整齐,针距密度按要求	3	针迹、针距不符合标准,每处扣0.5～1分	
	缉线按图纸要求	6	缉线不按图纸要求,每处扣1分	
设备	设备操作准确无误	2	设备操作失误,有损机器,扣1～2分	
安全	安全文明生产	2	操作中出现安全事故,扣1～2分	
	检查结果总计	20		

注:考核时可根据情况从以上图形中挑出五种进行考核,每个图形占20分,总分100分。

任务四　机缝缝型工艺

任务目标

①学习各种常见机缝缝型的构成形态及其在服装中的运用,掌握其图示标记。

②掌握机缝缝型图示,达到能够识别、理解、运用的目的。

任务内容

1. 平缝

平缝也称合缝,是服装缝制中最基本、最常用、最广泛的机缝工艺,用于上衣的肩缝、侧缝、袖子缝以及裤子的侧缝、下裆缝等处(图1-2-22)。

①方法:将缝正面相对,上下对齐,在反面缉线,开始和结束时打倒回针。

②要求:线迹顺直,缝份宽窄一致,布料平整。

2. 坐缉缝

坐缉缝是在平缝的基础上将缝份倒向一侧,并车缝固定缝份的方法,起固定缝口、增加牢度和装饰性的作用,用于裤子的侧缝、后缝等处(图1-2-23)。

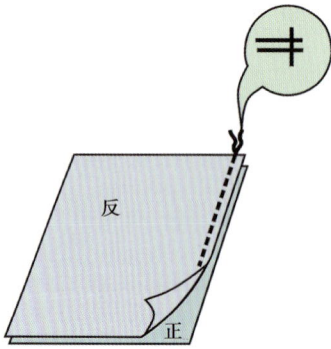

图 1-2-22 平缝

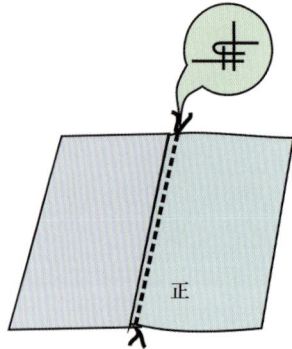

图 1-2-23 坐缉缝

①方法:两片布料正面相对,上下对齐;平缝后,将缝份倒向一边;从正面沿翻折边按工艺要求的宽度车缉明线。

②要求:翻折平服、整齐,明线车缝顺直,无皱缩。

3. 搭缝

搭缝是将两片布料搭叠车缝的方法,多用于衬或暗藏部位的拼接(图 1-2-24)。

①方法:将两片布料正面向上,缝份处搭在一起;沿预留缝份车缉。

②要求:线迹顺直,缝份宽窄一致,布料平整。

4. 压缉缝

压缉缝也称扣压缝,是将上层面料边缘向里折扣,缉在下层面料上的一种方法,多用于贴袋(图 1-2-25)。

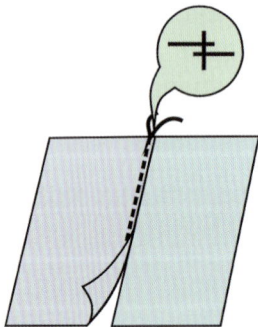

图 1-2-24 搭缝

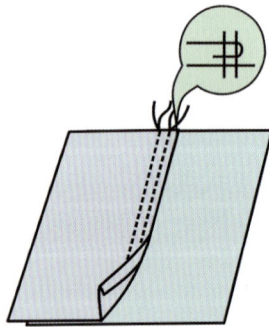

图 1-2-25 压缉缝

①方法:将两片布料均正面向上放置,上层布料的边缘按工艺要求将折边向反面扣净;沿上层布料的边缘按工艺要求车缝单明线或双明线。

②要求:线整齐、顺直、宽窄一致,缝口处平服,无皱缩。

5. 卷边缝

卷边缝是将布料的边缘两次翻折扣净后车缝的方法,多用于下摆、裤口、袖口等处,可分为内卷缝和外卷缝(图 1-2-26)。

①方法:将布料的边缘向反面扣折0.5 cm,然后再卷折1 cm,沿第一条折边的边缘车缝0.1 cm明线。

②要求:折边平整、宽窄一致,缉线顺直,缝口处不扭曲。

6. 来去缝

来去缝也称筒子缝,是一种将布料正缝再反缝的方法,正面无明线,反面无毛边,多用于女衬衫、童装的肩缝、摆缝等处(图1-2-27)。

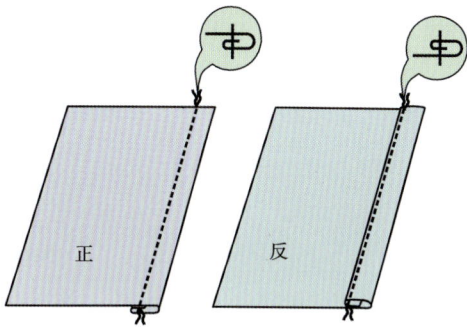

图1-2-26 卷边缝   图1-2-27 来去缝

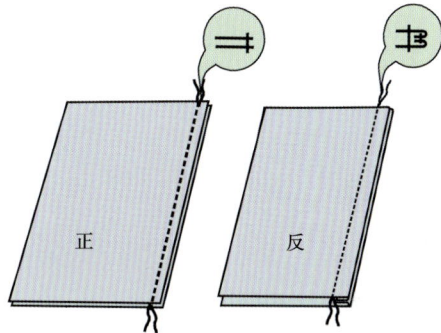

①方法:将两片布料反面相对,上下对齐,按0.3 cm宽缝份进行车缝;将两片布料的反面向外翻出,使正面相对,在缝口处按0.6 cm宽缝份车缝。

②要求:缝口处整齐、平服,缝份宽窄均匀、一致,正反面均无毛漏。

7. 双包缝

双包缝是一种正反两面均有明线而不露毛边的缝法,可分为内包缝和外包缝,具有结实牢固、结构线明显的特征,多用于不锁边的缝口处,如衬衫肩缝、摆缝、裤子侧缝、裆缝等处。

①外包缝的方法:外包缝是将两片布料反面相对,下层布料的一边向上折转0.8 cm,包住上层布料,沿边进行车缝,再将下层布料向上翻起,缝份倒向上层布料一侧,从正面沿缝份边缘车缝第二条明线。

②内包缝的方法:内包缝是将两片布料正面相对,下层布料的一边向上折转0.8 cm,包住上层布料,沿边进行车缝,再将上层布料翻开,使正面朝上,距缝口约0.6 cm处车缝明线固定缝边。

③要求:缝份要折扣整齐、平服,明线的线迹要顺直,双明线要宽窄一致。

8. 漏落缝

漏落缝也称灌缝或贯缝,是一种将线迹隐藏于缝口的方法(图1-2-28)。

①方法:将平缝后的缝口车缝,缝线嵌在缝口中。

②要求:线迹不能缝在两边的缝份上。

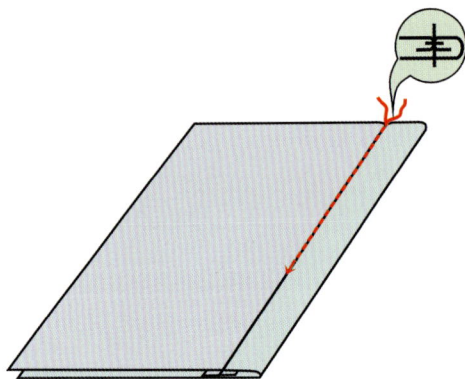

图 1-2-28　漏落缝

任务评价表

评价项目	质量要求	分值/分	评分标准	得分/分
时间	在规定时间内完成	1	每超过规定时间的1/3,扣1分	
质量	产品整洁、无线头	1.5	产品有污渍或线头,每处扣0.3~0.5分	
	布面松紧适宜,无皱缩、不平现象	1	布面不平整,松紧不适宜,每处扣0.3~0.5分	
	线迹均匀、整齐,针距密度按要求	1.5	针迹、针距不符合标准,每处扣0.3~0.5分	
	缉线按质量要求	3	缉线不按质量要求,每处扣0.5~1分	
设备	设备操作准确无误	1	设备操作失误,有损机器,扣0.5~1分	
安全	安全文明生产	1	操作中出现安全事故,扣0.5~1分	
检查结果总计		10		

注:考核时可根据情况从以上图形中挑出五种进行考核,每个图形占10分,总分100分。

任务拓展

以小组合作形式观察分析以下服装款式中的缝型图示要求,实物完成各部位的缝型结构案例。

款式 1：

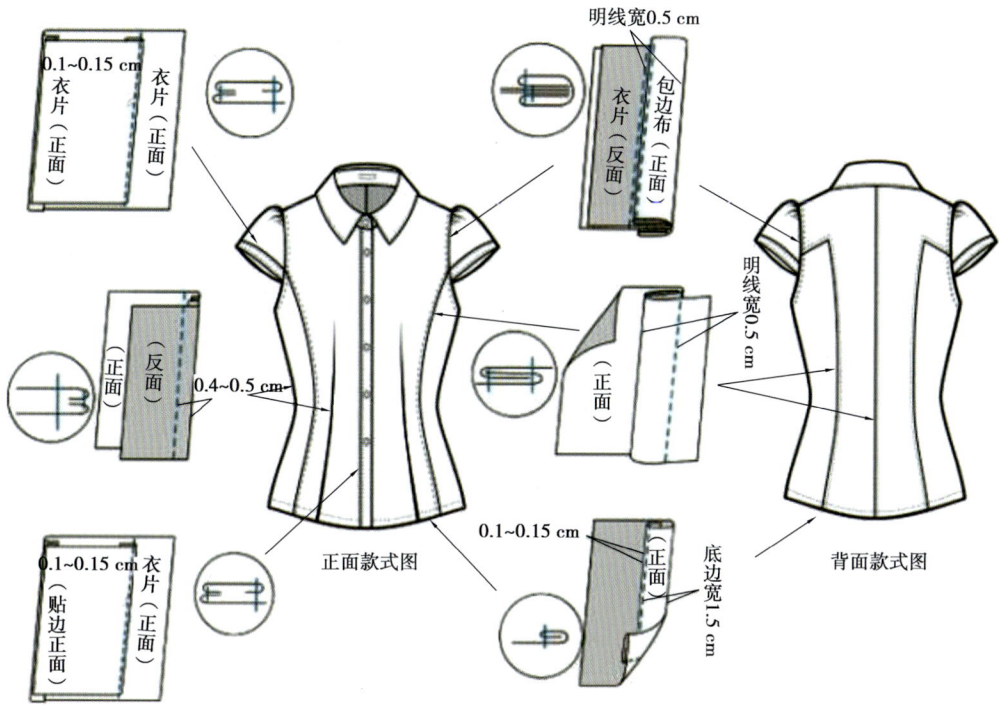

0.1~0.15 cm
衣片（正面）
衣片（正面）

明线宽0.5 cm
衣片（反面）
包边布（正面）

（正面）

（正面）
（反面）
0.4~0.5 cm

明线宽0.5 cm

0.1~0.15 cm
衣片（正面）
衣片（贴边正面）

0.1~0.15 cm
（正面）
底边宽1.5 cm

正面款式图

背面款式图

款式 2：

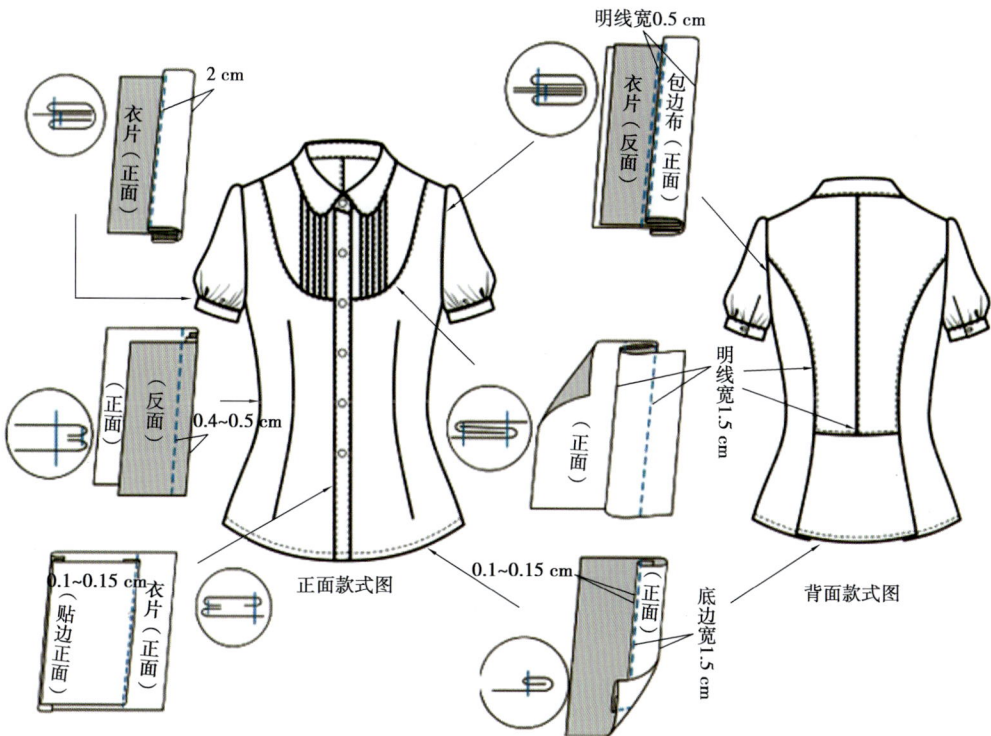

2 cm
衣片（正面）

明线宽0.5 cm
衣片（反面）
包边布（正面）

（正面）
（反面）
0.4~0.5 cm

（正面）

明线宽1.5 cm

0.1~0.15 cm
衣片（正面）
衣片（贴边正面）

0.1~0.15 cm
（正面）
底边宽1.5 cm

正面款式图

背面款式图

款式3：

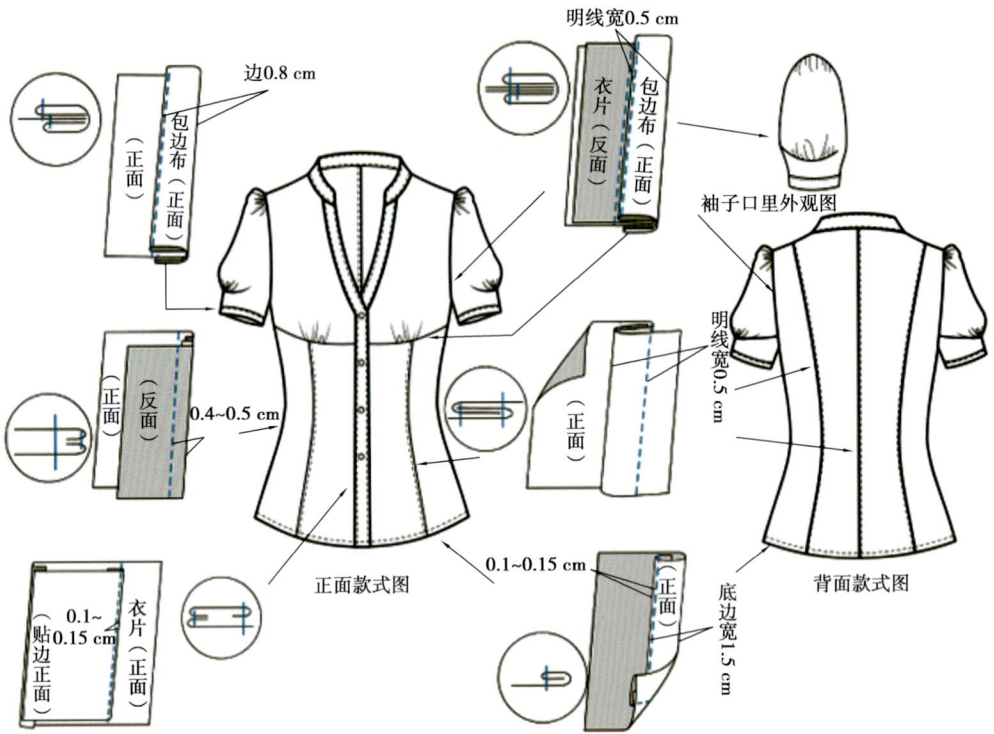

款式4：

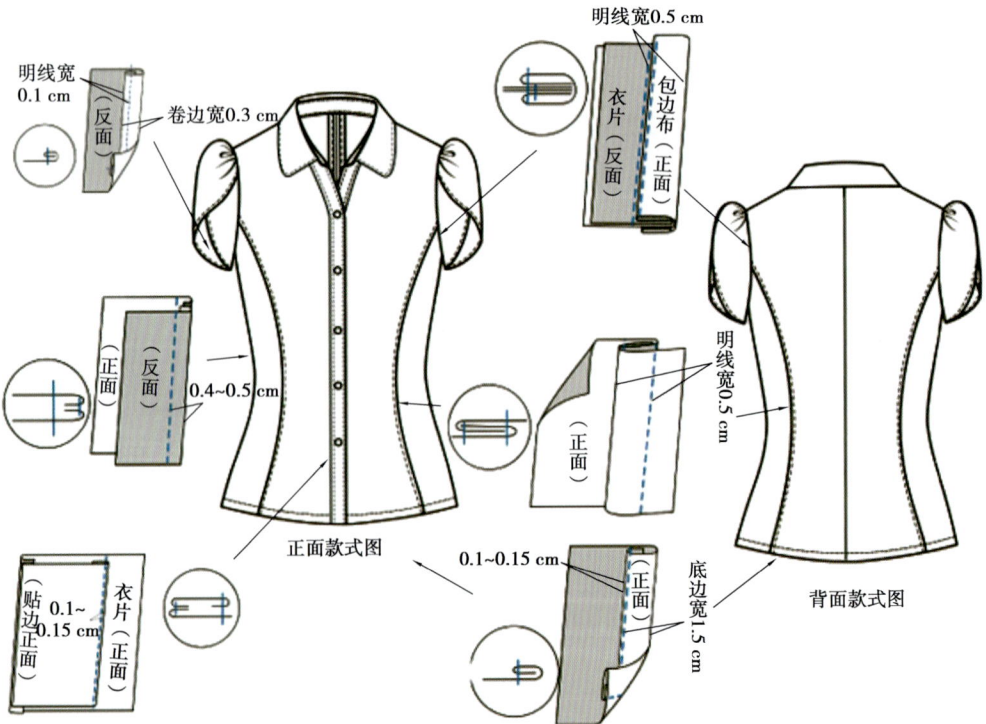

任务五　机缝实训案例

任务目标

①能灵活运用常见的机缝缝型进行实物制作训练。

②掌握机缝技能,能够熟练使用电动平缝机。

任务内容

一、制作套袖

1.备料

（1）面料

准备如图1-2-29所示大小的面料2片。

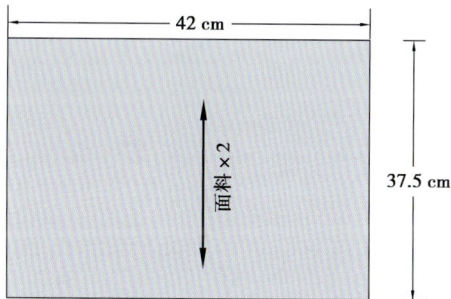

图1-2-29　套袖面料

（2）松紧带

松紧带上围长28 cm、下围长17 cm。

2.制作方法

（1）明包缝（外包缝）

明包缝缉双线:两片布料反面相叠,下层布料缝头放出0.8 cm包转,为使包缝平薄,包转缝头缉住0.1 cm,再把包缝向上层布料正面坐倒,缉线0.1 cm止口。注意反面缝头要分足,不能有虚缝（图1-2-30）。

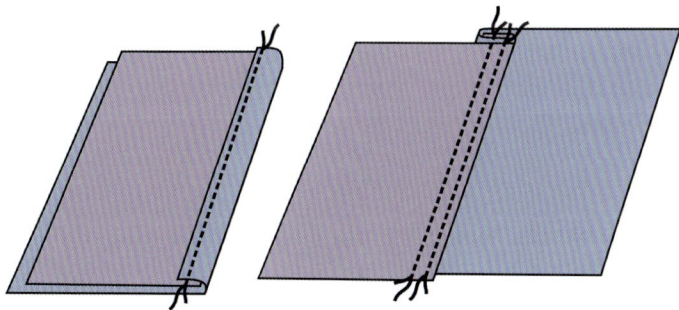

图1-2-30　明包缝

（2）缉合上口松紧带

将松紧带两边叠合 1 cm,沿中间缉合 3 ~ 4 道倒回针,封牢。下口松紧带缉法相同。

（3）夹缉上口松紧带

收上口:将上口正面朝外,向反面折烫 2 cm,并缉线一道,注意接头要重合,用倒回针缉牢。将松紧带放平,不能扭转,上口紧贴 2 cm 线,同时将毛边折进 0.5 cm 缝头,沿边缉 0.1 cm 明线。

要求:不能缉住松紧带,两线平行,接头重叠要自然。

（4）夹缉下口松紧带

将下口折烫 1 cm,下口松紧带平放并贴近烫痕,毛边折进 0.5 cm,沿边压缉 0.1 cm 明线。要求与夹缉上口松紧带相同。

任务评价表

评价项目	质量要求	分值/分	评分标准	得分/分
外观	产品整洁、无线头	10	产品有污渍或线头,每处扣1分	
	布面平整,松紧适宜,无皱缩、不平现象	10	布面不平整,松紧不适宜,每处扣1分	
规格	符合成品规格要求,左右对称	40	长度、宽度、上下口松紧带围度不符合标准,每处扣2分	
	明线符合要求	20	明线不符合成品要求,歪斜、不平行,每处扣1 ~ 2分	
设备	设备操作准确无误	10	设备操作失误,有损机器,扣1 ~ 2分	
安全	安全文明生产	10	操作中出现安全事故,扣5 ~ 10分	

二、制作鞋垫

1. 备料

①面料:3 ~ 4 层直丝绗鞋垫料（图 1-2-31）。

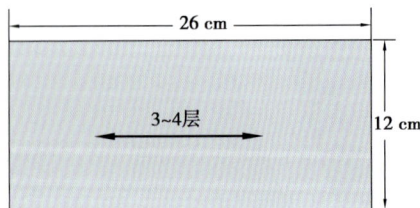

图 1-2-31　鞋垫面料

②斜丝滚边（50 cm）2 根。

2. 制作方法

①将 3 ~ 4 层面料平放,四周用针固定(图 1-2-32)。

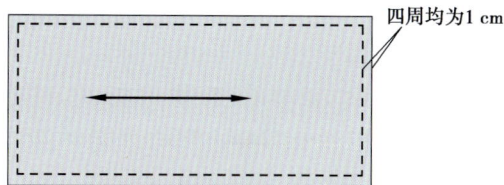

图 1-2-32　用针固定 3 ~ 4 层面料

②面料正面朝上,在表层面料上绘出鞋垫净样,从起点开始,按照 0.5 cm 的间距缉线(图 1-2-33)。

要求:线迹正确、平行,弧线圆顺、流畅。左右两只鞋垫做法相同,保持对称。

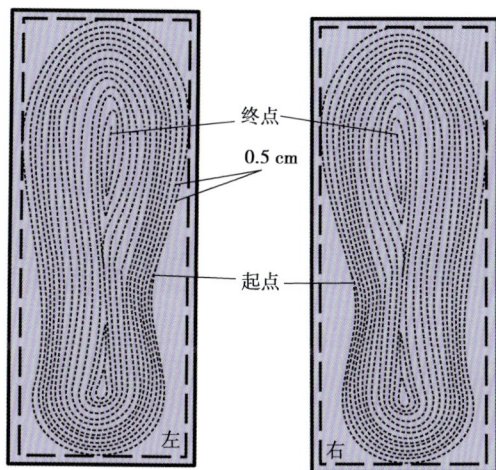

图 1-2-33　缉鞋垫

任务评价表

评价项目	质量要求	分值/分	评分标准	得分/分
外观	产品整洁、无线头	10	产品有污渍或线头,每处扣 1 分	
	布面平整,松紧适宜,无皱缩、不平现象	10	布面不平整,松紧不适宜,每处扣 1 分	
规格	符合成品规格要求,左右对称	40	长度、宽度、上下口松紧带围度不符合标准,每处扣 2 分	
	明线符合要求	20	明线不符合成品要求,歪斜、不平行,每处扣 1 ~ 2 分	
设备	设备操作准确无误	10	设备操作失误,有损机器,扣 1 ~ 2 分	
安全	安全文明生产	10	操作中出现安全事故,扣 5 ~ 10 分	

>>>>>> 项目三
熨烫工艺基础知识

熨烫贯穿于服装制作工艺的始终。裁剪前,通过熨烫对衣料进行缩水、平整处理;缝制前,有"推、归、拔"工艺,进行塑型;缝制中,需要边熨烫边缝制;制作完成后,对整件衣服熨烫,使其平挺、整齐、美观,因此有"三分缝制七分熨烫"的说法。

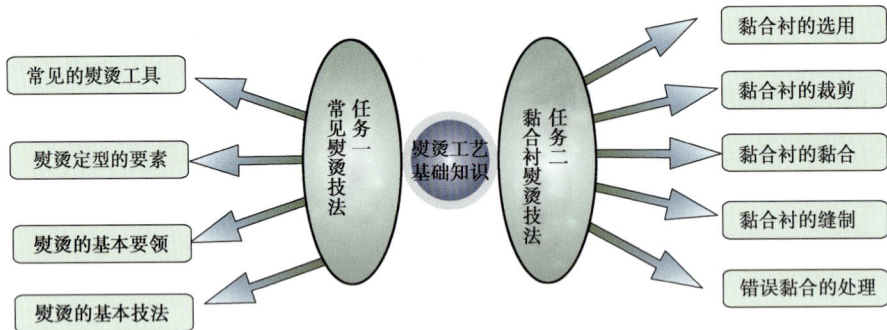

常见的熨烫工具

熨烫定型的要素

熨烫的基本要领

熨烫的基本技法

任务一 常见熨烫技法

熨烫工艺基础知识

任务二 黏合衬熨烫技法

黏合衬的选用

黏合衬的裁剪

黏合衬的黏合

黏合衬的缝制

错误黏合的处理

任务一 常见熨烫技法

任务目标

①了解常见的熨烫工具及使用方法。

②理解记忆熨烫定型的要素。

③掌握熨烫的基本技法。

④掌握黏合衬的熨烫技法。

任务内容

一、常见的熨烫工具

1.电熨斗

电熨斗是熨烫的主要工具(图1-3-1)。随着服装品种、面料的多样化,电熨斗也由单一功能向多种功能发展。现在常用的电熨斗既能控温,又有蒸汽,还能喷水,操作更为方便,熨烫效果也更好。日常使用的电熨斗功率可分为500 W、700 W、1 000 W 等,功率小的适用于熨烫薄料服装,功率大的适用于熨烫厚料服装。使用时必须注意熨斗的温度。

2.喷水壶

喷水壶能将水均匀地呈雾状喷洒在需要熨烫的部位,使熨烫效果更佳(图1-3-2)。

3. 烫布

烫布是采用脱蜡的全棉本白细布。熨烫时可用一层或两层干的或湿的烫布覆盖在衣料上保护衣料,多用于毛呢料服装的熨烫。

4. 垫呢

垫呢一般采用一或两层毛毯或棉毯,上面包一层白粗布,熨烫时垫在桌板上。垫呢厚度要适当,厚了太软,薄了太硬,都会影响熨烫质量。

5. 圆烫凳

圆烫凳是用铁制成的,凳面铺棉花,外包白棉布,扎紧(图1-3-3)。主要用于熨烫呈弧形或不能放平的部位,如烫肩缝、袖山头,烫西裤的裆、裆缝等。

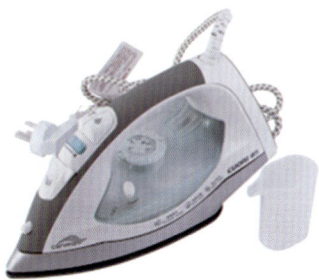
图1-3-1 电熨斗

图1-3-2 喷水壶

图1-3-3 圆烫凳

6. 布馒头

布馒头是用粗白布内包木屑制成,有大小不同的尺寸(图1-3-4)。用于熨烫衣服上的胖势和弯势等部位,如熨烫袋位、驳头、胸部等。

7. 长烫凳

长烫凳用木料制成,上层板面上铺少许棉花,中央稍厚,四周略薄,用白布包紧(图1-3-5)。用于熨烫已缝制成圆筒形的缝子,如女裙的折裥、裤子侧袋缝、袖缝等。

8. 弓形烫板

弓形烫板用木料锯成,两头低,中间拱起呈弓形,底面为平面(图1-3-6)。用于垫烫半成品的袖缝和其他一些弧形缝。

图1-3-4 布馒头

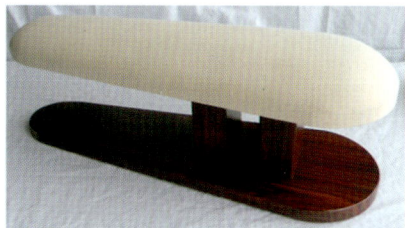
图1-3-5 长烫凳

图1-3-6 弓形烫板

二、熨烫定型的要素

1. 温度要求

温度的作用是使织物变得柔软,使织物能按要求变形。

①用混纺或交织面料缝制的服装,熨烫温度的选择应就低不就高,即按其中耐热性最差的纤维的熨烫温度来确定。

②质地厚的面料,熨烫温度适当高些。

③质地薄的面料,熨烫温度适当低些。

④易变色的面料,熨烫温度适当降低。

2. 湿度要求

湿度的作用是使织物纤维湿润、膨胀伸展、弹性降低,使织物的可塑性增强,柔软易变形。

①质地轻薄的棉、麻、丝、黏胶、合成纤维服装都可以喷水熨烫。

②厚型的呢绒、涤纶、腈纶等服装,因质地厚实,给湿量可略多些,一般垫湿布熨烫。

③柞蚕丝服装一般不能喷水,否则会出现水渍印。

④维纶服装不能喷水,也不宜垫湿布熨烫,通常垫干布熨烫,因为维纶在潮湿状态下受高温会收缩,甚至熔融。

3. 压力要求

熨烫压力超过织物纤维的应力时会使织物变形。

①质地轻薄、组织结构较松的衣物,熨烫压力宜轻。

②质地较厚,组织结构较紧密的面料,熨烫压力宜大。

③垫湿布熨烫用力要重,而湿布烫干后,压力要逐渐减轻,以免出现极光。

④熨烫丝绒、长毛绒、灯芯绒、平绒等服装时,压力切忌过重,防止绒面倒伏,产生极光或影响质量。

由于织物导热性差,因此一定时间的熨烫,能使织物受热达到使其变形的目的。持续熨烫将织物中的水分完全烫干、蒸发,才能使织物的变形不还原。

4. 时间要求

①质地轻薄、组织结构较松的面料,熨烫时间宜短。

②质地较厚、组织结构较紧密的面料,熨烫时间宜长。

③熨烫应避免在服装某一位置停留时间过久,防止服装留下熨斗印痕或变色。

5. 熨烫后的冷却

温度、湿度、压力、时间等条件使织物达到预期的变形。但定型不是在加热过程中完成,而是在冷却后实现,手工熨烫一般使用自然冷却法。

三、熨烫的基本要领

1. 正确掌握熨烫温度

服装衣料的品种繁多、性能各异，不同的织物对熨烫温度有不同的要求。如果温度过高，衣料会烫焦、变色、软化，甚至熔融；温度过低，达不到预期的熨烫效果。因此，既要了解各种织物所能承受的最高温度及耐热度，又要控制好熨斗温度。

（1）掌握织物耐热度

在熨烫之前，首先要了解织物的耐热度，还要了解熨斗在原位允许停留的最长时间。一些新颖的织物可先用边角料熨烫一下，以决定熨烫温度。表 1-3-1 列出了部分织物的耐热范围及原位熨烫时间。

表 1-3-1　织物熨烫参数

序号	织物名称	耐热范围/℃	原位熨烫时间/s
1	麻	180～200	4～6
2	棉	150～170	3～5
3	毛	150～170	3～5
4	人造丝	110～140	3～4
5	真丝	110～130	3～4
6	尼龙	90～100	2～3
7	合纤	130～150	3～4

（2）掌握熨斗温度

必须学会控制熨斗温度，有些电熨斗有调温装置，可根据织物熨烫温度的要求进行调节。一般的电熨斗无调温装置，可用滴水法确定熨斗温度。把水滴在熨斗的底面，通过听声音、看水滴变化加以鉴别。测定熨斗温度参数见表 1-3-2。

表 1-3-2　测定熨斗温度参数

熨斗温度	100 ℃以下	100～120 ℃	120～140 ℃	140～170 ℃	170～200 ℃	200 ℃以上
水滴声音	无声	长的"哧哧"声	略短的"哧哧"声	短的"扑哧"声	短促的"扑哧"声	极短促的"扑哧"声或无声
水滴形状	水滴不易散开	水滴散开，周围起水泡	水滴扩散成小水珠	水滴迅速扩散成小水滴	水滴散开，蒸发成水蒸气	水滴迅速蒸发成水蒸气消失

2. 正确掌握电熨斗各部位的应用

电熨斗底板熨烫部位分熨斗尖、左侧、右侧、中间、后座五部分，熨烫时一定要正确掌握熨斗的各部位。比较平整的大面积部位可以用熨斗中间和后座力量较大的部位去熨烫。有窝势的部位则要用熨斗左侧、右侧或熨斗尖去熨烫。不能将熨斗全部盖没熨烫部位，否则会把形成的窝势烫平消失。有些不能放平的部位如袖窿、领圈等边沿，也要用熨斗的左侧或右侧并配合使用布馒头、圆烫凳等熨烫工具辅助熨烫。

3.熨烫的基本操作方法

①熨烫可分为干烫、湿烫、盖布干烫、盖布湿烫和先盖湿布烫、后盖干布烫等几种，可根据织物的不同性能和熨烫的部位选择合适的熨烫方式。

②熨烫尽可能在衣料反面进行。需要在衣料正面熨烫时，则应在衣料上面盖布熨烫。

③熨烫时需要在桌面上铺上垫呢，并根据不同需要借助熨烫工具进行熨烫。

④熨烫时熨斗应沿衣料的经向不停地移动，不要故意拉伸衣料，用力要均匀，移动要有规律。因为无规律地推来推去不但达不到熨烫效果，还会破坏衣料的经、纬丝缕。

四、熨烫的基本技法

1.平烫

熨斗应沿衣料的经向（即直丝方向）不停地移动，用力要均匀，移动要有规律，不要使衣料拉长或归拢。需要注意的是：

①按动蒸汽开关给湿，不要连续给湿，一般按一两次即可。

②当熨斗移动时，熨斗可略抬起，不要搓动面料或衣物。

③平烫完成后，应将面料或衣物平铺或吊挂放置，待充分冷却干燥后再使用或收藏。要求：衣料平整、干爽，丝缕正直。

2.分烫(分缝)

（1）平烫分缝

在熨烫分缝时，不握熨斗的一只手把缝头边分开、边后退，熨斗向前烫平，达到分缝不伸、不缩、平挺的要求（图1-3-7）。

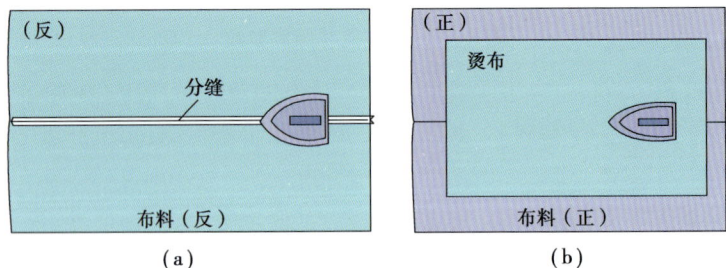

图 1-3-7　平烫分缝

（2）拔烫分缝

在熨烫分缝时，不握熨斗的一只手拉住缝头，熨斗往返用力烫，使分缝伸长而不起吊。用于熨烫衣服拔开的部位，如袖底缝、裤子下裆缝等（图1-3-8）。

图 1-3-8　拔烫分缝

（3）归烫分缝

在熨烫分缝时，不握熨斗的一只手按住熨斗前方的衣缝略向熨斗推送，熨斗前进时稍提起熨斗前部，用力压烫，防止衣缝拉宽、斜丝伸长。主要用于熨烫衣服斜丝和归拢部位，如喇叭裙拼缝、袖背缝等（图 1-3-9）。

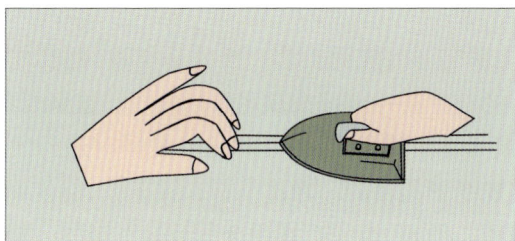

图 1-3-9　归烫分缝

3. 扣烫

（1）直扣烫

用左手把所需扣烫的衣缝边折转、边后退，同时熨斗尖跟着折转的缝头向前移动，然后将熨斗底部稍用力来回烫。主要用于烫裤腰、贴边、夹里摆缝等需要折转定型的部位［图1-3-10（a）］。里子缝口处扣烫时通常要留眼皮。按0.7 cm 缝份缝合里料，按1 cm 宽折扣缝份并烫平，留出0.3 cm 宽的眼皮量［图1-3-10（b）］。

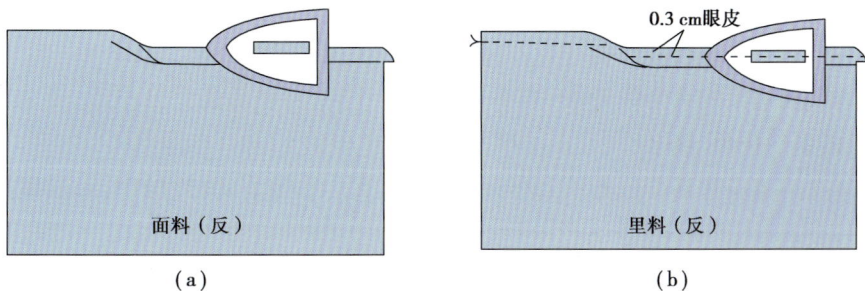

面料（反）　　　　里料（反）

（a）　　　　（b）

图 1-3-10　直扣烫

（2）弧形扣烫

左手按住缝头，右手用熨斗尖先在折转缝头处熨烫，熨斗右侧再压住贴边上口，使上口弧形归缩。用于烫衣、裙下摆（图 1-3-11）。

（3）圆形扣烫

熨烫前先用缝纫机在圆形周围长针脚车缉一道，或用手缝针缝一道。然后把线抽紧，使圆角处收拢,缝头自然折转。扣烫时先把直丝烫煞,再扣烫圆角。用熨斗尖的侧面把圆角处的缝头逐渐往里归拢,熨烫平服。用于烫圆角贴袋(图1-3-12)。

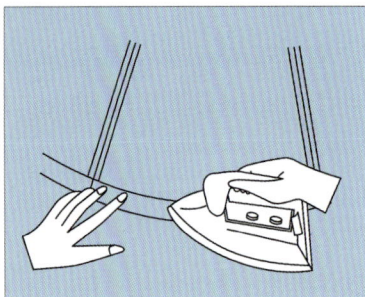

图 1-3-11　弧形扣烫

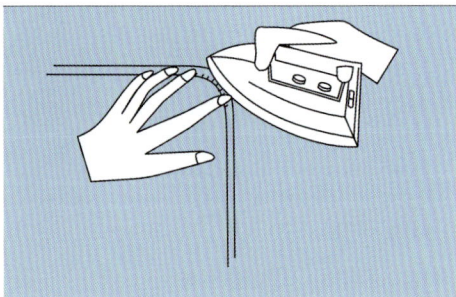

图 1-3-12　圆形扣烫

4. 推、归、拔烫

推、归、拔是对织物热塑定型的熨烫工艺。推就是推移,把衣片某一部位的胖势向预定方向推移。归就是归拢,把衣片某一部位按预定要求缩短。拔就是拔开,把衣片某一部位按预定要求伸长。推、归、拔三者相辅相成,操作时往往是同时进行的,可谓归中有拔,拔中有归。推又是辅助归、拔实现变形的目的。通过推、归、拔工艺,能使制成的服装造型更加符合人体,主要用于毛呢类服装。但是,推、归、拔的变形也是有限的,过度归、拔会损伤织物纤维的强度,因此进行推、归、拔工艺也要适度。由于推是辅助归、拔实现变形,所以推、归、拔常简称为"归拔"工艺。

(1)归烫

①将一片衣片或布料放在烫台上,向外凸出的一边靠近操作者。

②以外凸曲边中间点为归拢点,围绕该点作弧形归烫,左手辅助推拢布边,将凸出的弧形布边烫直。

③经归烫后将衣片某部位的织物缩短,如前胸袖窿、臀部的侧缝等(图1-3-13)。

(2)拔烫

①将一片衣片或布料放在烫台上,向内凹进的一边靠近操作者。

②以内凹曲边中间点为拔开点,当右手推动熨斗时,左手辅助。开布边,使布料直纱拔开,将凹进的弧线拔出、烫平直。

③经拔烫后将衣片某部位的织物伸展拉长,如衣片的腰节、裤片的中裆、后窿门横丝等(图1-3-14)。

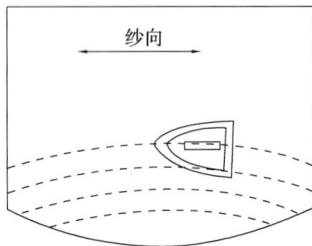

图 1-3-13　归烫

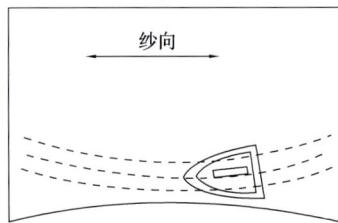

图 1-3-14　拔烫

任务评价表

评价项目	质量要求	分值/分	评分标准	得分/分
质量	产品整洁,无烫黄、烫焦、极光现象	3	产品有污渍,有烫黄、极光,每处扣1分	
	布面无皱缩、不平现象	2	布面不平整,每处扣0.5分	
	熨烫按照工艺要求	3	熨烫不按工艺要求,每处扣1分	
设备	设备操作准确无误	1	设备操作失误,有损机器,扣0.5～1分	
安全	安全文明生产	1	操作中出现安全事故,扣0.5～1分	
检查结果总结		10		

注:考核时可根据情况从以上熨烫技法中挑选出10种进行考核,每个占10分,总分100分。

任务拓展

①准备麻、棉、毛、人造丝、真丝、尼龙、合纤面料各一块,将各块面料熨烫平整,并观察记录各面料的耐热范围。

②准备一件西服,利用所学知识将其熨烫平服。

任务二　黏合衬熨烫技法

任务目标

①会选用黏合衬。

②了解黏合衬的裁剪方法。

③掌握黏合衬的黏合方法。

④掌握黏合衬的缝制方法。

⑤掌握错误黏合的处理方法。

任务内容

目前在大多数服装中,黏合衬已逐步取代传统的毛、麻棉等衬布,成为服装的主要衬料。黏合衬的应用改变了传统的缝制观念,并产生了与之相适应的一套缝制工艺新体系。优质的黏合衬能使服装具有轻薄、软、挺、易洗、造型性能好的特点,而且还具有使用方便、简化工艺等特点。

一、黏合衬的选用

黏合衬的选用方法如表1-3-3所示。

表1-3-3　黏合衬的选用方法

黏合衬的类型	黏合衬的质地		黏合衬的特点	黏合衬选用的原则
织造黏合衬（有纺衬）	厚薄主要由基布的纱支高低决定，粗支织造黏合衬最厚，其次是中支、高支	除了基布外，黏合衬的厚薄还与热熔胶的表面形态有关。同样的基布，点状黏合衬最厚，其次是条状、粉状、片状、网状	耐洗、耐热、保型性好，成本较高，需用黏合机黏合	①与面料的厚薄相宜；②与面料的颜色相配；③与面料的耐热性能相应；④与面料的缩水率相近；⑤与面料的风格、手感相符；⑥与面料的价值相当
非织造黏合衬（无纺衬）	厚薄由基布在单位面积上的克重决定。常见的有10 g、20 g、30 g三种，克重越大的黏合衬越厚、越坚硬；反之，则越薄、越柔软		熔点低、黏合快，成本低，无经纬向，使用方便	

二、黏合衬的裁剪

①基布是织造、编织质地的黏合衬，原则上裁剪时采用与本料相同的布纹方向；非织造布及无方向性的黏合衬，可考虑不依照布料的布纹方向进行裁剪。

②裁剪时，把树脂面朝向中间对折，若边缘抽缩时，将边缘剪掉。

③在不缉明线的地方黏衬时，留出比净缝多0.5 cm的缝头，然后裁剪；缉明线部位，黏合衬按净缝的大小裁剪；缝份较厚时，用缝纫机暗缝后，从针脚的旁边剪掉衬的缝份。

三、黏合衬的黏合

①根据本布料的材质和衬的种类，掌握好黏合衬的三要素，采用适应各自条件的搭配组合。温度掌握在120～160 ℃，毛料、厚料温度略高，混纺、薄料温度略低；熨烫时，垫上纸（多用牛皮纸），熨斗不要滑行，要垂直向下压烫，使布整体均匀受热，每压烫一次在所接触部位停留（图1-3-15）。

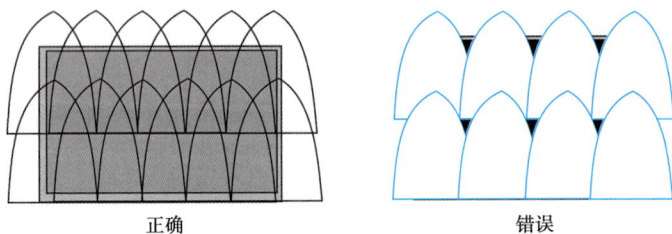

正确　　　　　　　　　错误

图1-3-15　熨斗的压烫法

②黏合前要除去本布料上的线头、碎布片等。

③基布是织造黏合衬,常出现布纹倾斜现象。可先沿布纹粗裁,然后放置黏合衬,喷洒雾状水珠,等到衬柔软后,用手拉伸布纹,待平直后黏合(图1-3-16)。

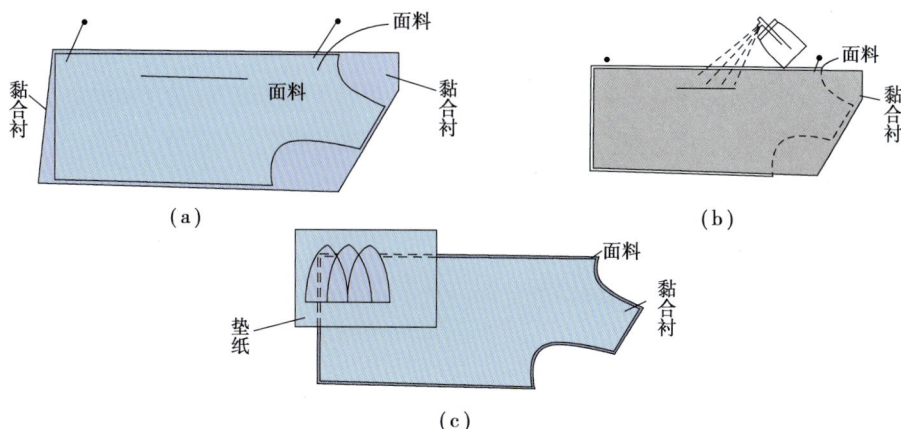

图 1-3-16　布纹倾斜的黏合方法

④熨斗走向可从一端走向另一端,面积较大时,可从中间依次向四周黏合。

⑤手工熨烫宜选用蒸汽熨斗,熨烫有窝势的部位,可借助工具熨烫。

⑥黏烫有绒毛的面料应测试其最小的黏合压力,或把所有的主附件全部在黏合机中走一遍。

⑦黏合后,以平整状态放好,等布料自然冷却。

四、黏合衬的缝制

①面料的归拢要在衬布黏合后进行,把贴有黏合衬的本料布作为整体进行处理。

②缉缝、压明线、做滚边等工艺,都应防止因黏合不足或洗涤而产生剥离现象。

③制作过程中的熨烫温度不能超过黏衬温度,以防止衣片脱胶。

④长时间使用缝纫机,机针上黏有树脂,容易跳针、断针,所以机针要经常擦拭。

五、错误黏合的处理

1. 已错误黏合

再次用熨斗熨烫,趁热慢慢将黏合衬剥离。本料布上残留树脂衬时,垫上剩布或牛皮纸,多次用熨斗熨烫,可使树脂转移到剩布或牛皮纸上。

2. 树脂衬黏在熨斗上

用熨斗清洁剂可使树脂衬脱落。

3. 黏合衬起皱

细小的褶不必介意,仍可适应;明显起褶的部位最好让开,喷水并向水平方向拉伸使褶平展。

4.衣片正面可见黏衬部位

①选择与面料厚度相适应的黏合衬。

②透明或半透明的面料不宜局部黏合。

5.衣片正面渗胶或胶粒凸起

①减小压力或降低温度。

②改用网状高支机织黏合衬,或片状 10 g 非机织黏合衬。

③选用含胶量较少、点状粒子较小的黏合衬。

6.熨烫后衣片正面起泡

①改用热缩率相同或小于面料的黏合衬。

②改用质量过关的黏合衬。

③黏烫部位不能遗漏。

④黏衬后要充分冷却才能移动,避免卷曲或折叠。

7.洗涤后衣片正面起泡

改用缩水率同面料一致的黏合衬。

8.衣片脱胶

①降低黏烫温度,适当增加压力,延长时间。

②尽量不要重复黏烫,若以后工序中难以避免,熨烫的温度必须低于第一次的黏烫温度。

任务拓展

在 50 cm×30 cm 的面料上烫上直丝黏合衬。要求:熨烫平整,烫牢、不起皱、不脱胶。

实践篇

SHIJIAN PIAN »

　　服装缝制工艺基础实践部分,是服装缝制工艺中各个部件的具体制作,包括各种袋类、装拉链、开衩、袖头及领子的缝制质量评价和工艺流程等,是服装成品制作的技术难点和关键。

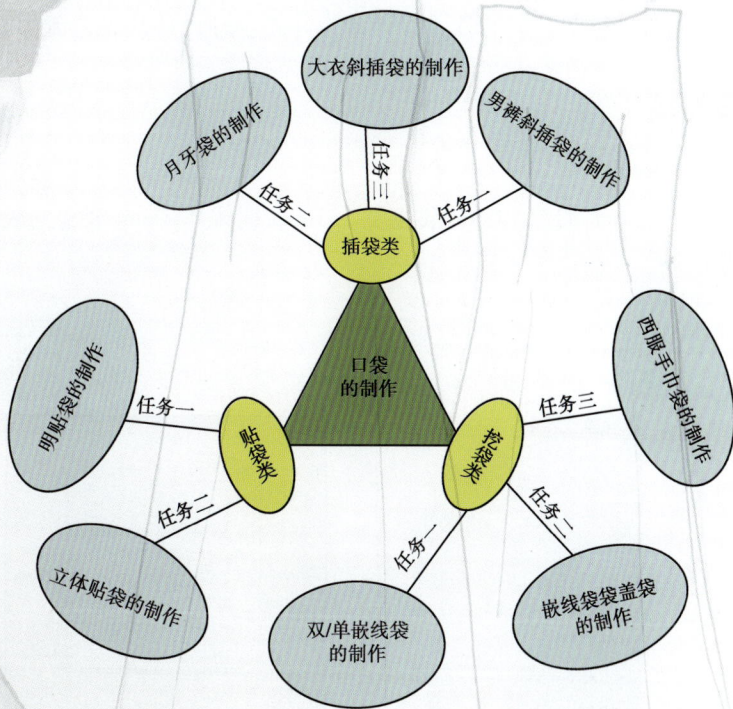

大衣斜插袋的制作

月牙袋的制作

男裤斜插袋的制作

任务二

任务三

插袋类

任务一

口袋
的制作

西服手巾袋的制作

明贴袋的制作

任务一

贴袋类

任务三

缝袋类

任务三

任务二

立体贴袋的制作

任务一

双/单嵌线袋
的制作

嵌线袋袋盖袋
的制作

> 项目一
贴袋的工艺制作

　　贴袋也称明袋,是指附贴在服装表面的一类衣袋。贴袋多采用与衣身相同的面料制作,主要分为有袋盖和无袋盖两类,又有平袋、立体袋和半立体袋的区别。贴袋多用于中山装、牛仔装、工装、童装等,具有活泼、大方、简便的特点。

任务一　明贴袋的制作

任务目标

　　①了解明贴袋的外形特点,掌握面料性能、丝缕与袋的关系。

　　②掌握明贴袋整体工艺流程和操作方法,并能根据要求熟练制作。

　　③能够进行明贴袋的款式设计制作并能合理设计其工艺流程。

任务内容

1.产品效果

　　袋口 16 cm,袋深 18 cm,袋盖宽 5.5 cm,明线 0.2 cm,袋盖与袋口间距 1 cm,袋口包光缉明线 1 cm。

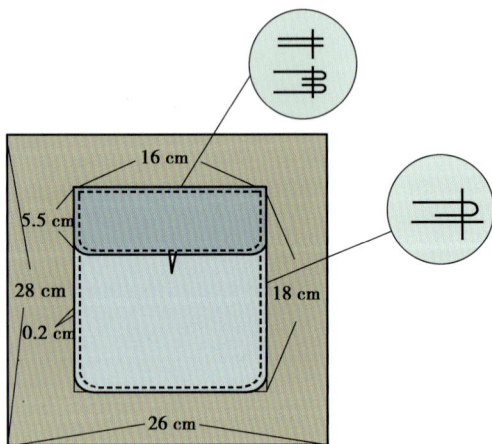

2. 工艺要求

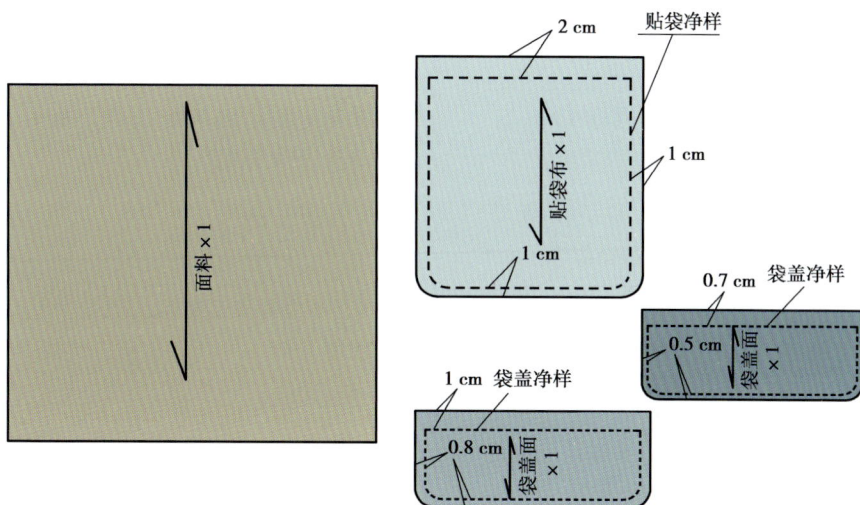

图中标注：2 cm、贴袋净样、贴袋布×1、1 cm、1 cm、面料×1、0.7 cm、袋盖净样、0.5 cm、袋盖面×1、1 cm 袋盖净样、0.8 cm、袋盖面×1

3. 制作时间

30 min。

4. 工艺流程图

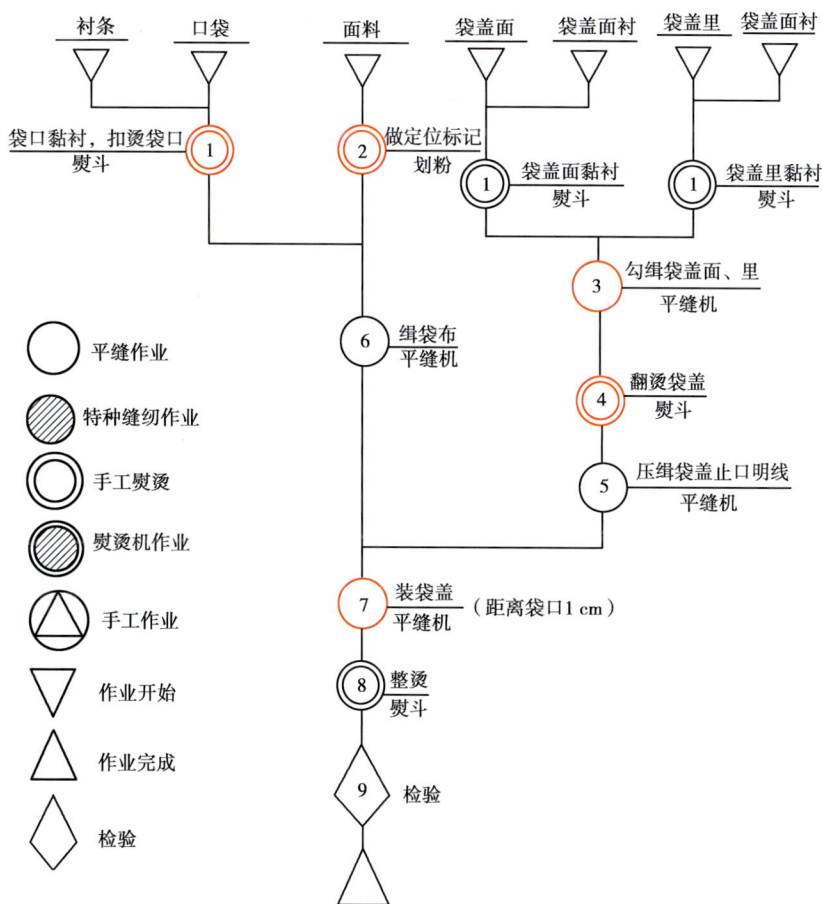

流程图内容：
- 衬条　口袋　面料　袋盖面　袋盖面衬　袋盖里　袋盖面衬（作业开始）
- ① 袋口黏衬，扣烫袋口　熨斗
- ② 做定位标记　划粉
- ① 袋盖面黏衬　熨斗
- ① 袋盖里黏衬　熨斗
- ③ 勾缉袋盖面、里　平缝机
- ④ 翻烫袋盖　熨斗
- ⑤ 压缉袋盖止口明线　平缝机
- ⑥ 缉袋布　平缝机
- ⑦ 装袋盖　平缝机（距离袋口1 cm）
- ⑧ 整烫　熨斗
- ⑨ 检验

图例：
- ○ 平缝作业
- ◯（斜纹）特种缝纫作业
- ◎ 手工熨烫
- ◎（斜纹）熨烫机作业
- △（带圈）手工作业
- ▽ 作业开始
- △ 作业完成
- ◇ 检验

任务评价表

评价项目	分类	质量要求	分值/分	评分标准	得分/分
职业规范与素养	态度	准备充分,遵守纪律,卫生清洁	2	准备不充分,纪律乱,工作环境不整齐,卫生不清洁	
	安全	安全用电,安全使用工具,严格规程操作	3	不按照规程安全用电	
	职业操守	正确操作机器设备,符合"5S"管理要求	5	机器设备操作不规范,不符合"5S"管理要求	
成品	外观	外形美观,各部位平服,无丝绺、正反错误(从该项总分扣,扣完为止)	10	明显不平服	
			5	正反一致,丝绺正确,每错一处扣2分	
		成品整烫平服整洁,内外无线头(从该项总分扣,扣完为止)	5	有明显水花、沾污、极光,每处扣1分	
				正反面有线头,每处扣1分	
	规格	符合成品规格,不允许超出公差	5	袋盖宽窄公差±0.2 cm,贴袋宽窄公差±0.2 cm	
			5	各部位线迹符合成品质量要求	
	缝制	袋位左右、高低对称,袋盖与袋口搭配适宜,袋盖圆角圆顺、平服、左右对称、宽窄一致,不反吐	5	袋位高低互差公差超过0.3 cm	
			5	袋盖与袋口配合明显不当、不平服	
			5	袋盖圆角明显不圆顺	
			5	吐止口,明线不符合要求	
			5	贴袋底边不圆顺	
			5	袋盖宽窄明显不一致,袋口毛露	
		袋盖里、面松紧适宜,有窝服	10	袋盖里、面松紧不适宜,圆角外翘	
			5	明显不符合要求	
		各部位线路顺直、整齐,松紧适宜	5	缉线明显弯曲或不整齐	
			5	底面线不适宜	
		针距密度符合国际标准	5	明线针距不符合规定	
时间		在规定的时间内完成		每超过10 min,扣5分	

5. 制作工艺卡

说明：工序工艺是指对服装加工过程中每道工序所涉及的制作方法、工艺及质量标准等内容提出的技术要求。它是具体指导每道工序操作的工艺技术文件，其内容一般包括以下几项：

①产品名称、工序号及工序名称。

②外观及规格要求，或相应工艺图示。

③操作要领、工艺要求及相关图示。

④应用的设备和工艺装备：机器、锥子、净样板等。

工序编号 ①

产品名称：任务一　有盖贴袋

工序名称：扣烫袋布

工艺装备：平缝机、烫台、熨斗、口袋的熨烫样板

操作要领及工艺要求：

　　1.袋口贴边按内缝0.8 cm、贴边1.2 cm扣转，绲0.7 cm止口明线。

　　2.将袋底及圆角处离进止口0.5 cm最大针脚绲线一道，抽层势，使袋底圆角自然扣转，按熨烫样板（净样板）扣转缝头，攥好烫煞。注意左右对称。

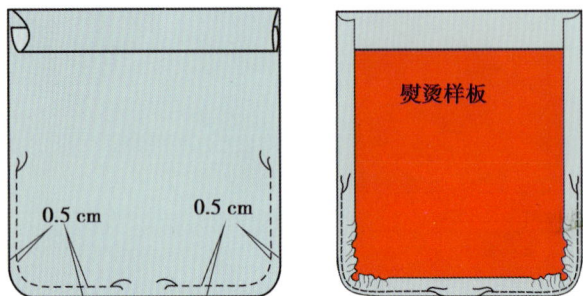

工序编号 ②

产品名称：任务一　有盖贴袋

工序名称：做定位标记

工艺装备：口袋的定位样板（净样板）、划粉、尺子

操作要领及工艺要求：

　　1.以定位样板做好绲袋布的袋口两端位置。

　　2.在上距袋口1 cm位置定出绲袋盖的绲线位置。

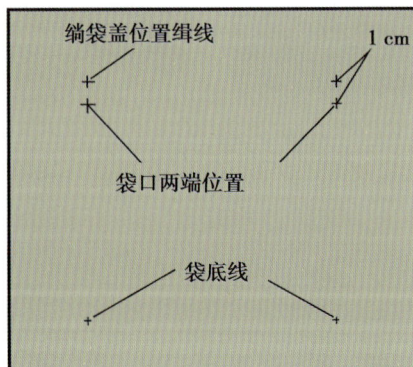

工序编号 ③

产品名称：**任务一　有盖贴袋**

工序名称：**勾缉袋盖面、里**

工艺装备：**平缝机、袋盖净样板**

操作要领及工艺要求：

　　1.袋盖面、里正面相对，反面向外。袋盖里在上层，袋盖面在下层，缝份对齐，按净线车缉。缉时袋盖里略紧，缉线顺直，圆角圆顺（或将袋盖面、里用攃线攃好，圆角处袋盖面略放层势，车缉）。

　　2.缉线时，上层袋盖里左手要注意推送，在直线部位保持上下层面料吃势一致；缉至袋盖角位置时，袋盖面保持好层势。

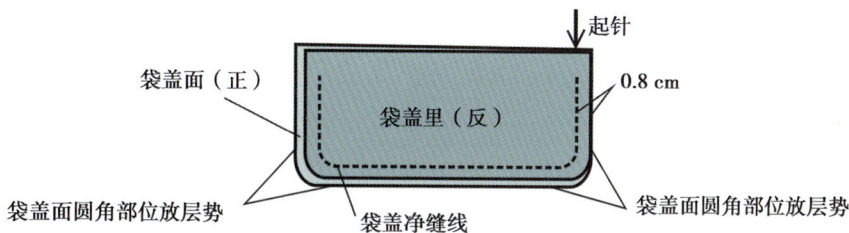

起针

袋盖面（正）

袋盖里（反）

0.8 cm

袋盖面圆角部位放层势

袋盖净缝线

袋盖面圆角部位放层势

工序编号 ④

产品名称：**任务一　有盖贴袋**

工序名称：**翻烫袋盖**

工艺装备：**平缝机、熨斗、烫布、袋盖净样板**

操作要领及工艺要求：

　　缝头留0.3~0.4 cm，其余剪掉。将袋盖圆角处缝头折转，然后翻出。用熨斗把袋盖夹里止口烫平、烫圆顺，夹里止口坐进0.1 cm。将袋盖正面向上放在布馒头上，盖上烫布熨烫定型。注意袋盖圆角处要有窝势，袋盖左右对称，造型一致。

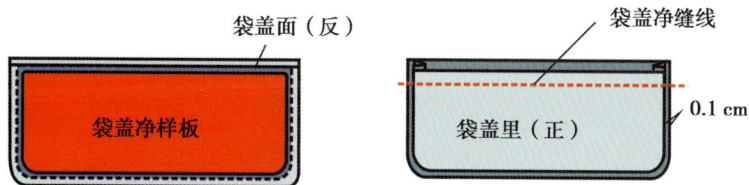

袋盖面（反）

袋盖净样板

袋盖净缝线

袋盖里（正）

0.1 cm

工序编号 ⑦

产品名称：任务一　有盖贴袋

工序名称：装袋盖

工艺装备：平缝机、袋盖净样板

操作要领及工艺要求：

　　袋盖净宽线与袋盖位对齐缉线，袋盖中段略放吃势，使袋口保持胖势。缉好后把多余的缝头修净，以防袋盖毛边露出。将袋盖折转，缉0.2 cm止口明线，两端缉来回针封牢，线头引向反面大街。

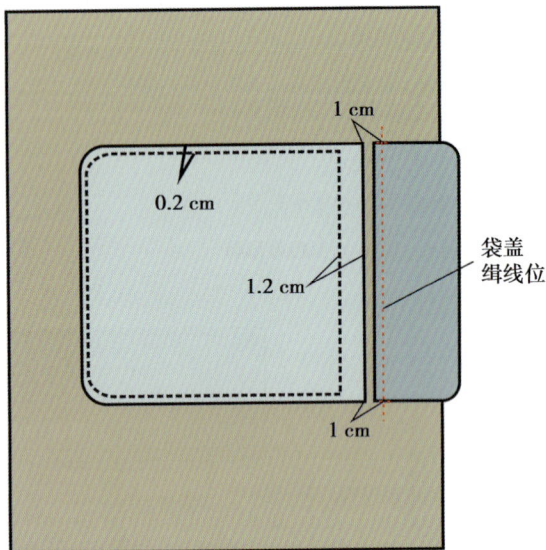

0.2 cm

1 cm

1.2 cm

袋盖缉线位

1 cm

任务拓展

　　以小组合作的形式，观察分析下列案例，讨论其制作方法，选取其中两款或自行设计两款，设计工艺流程并完成产品的制作。

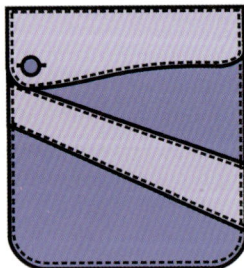

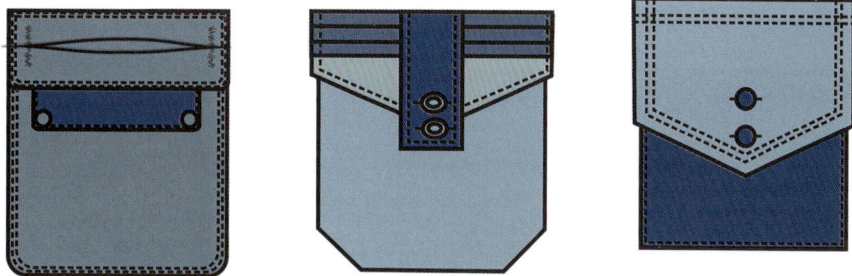

任务二　立体贴袋的制作

任务目标

①了解立体贴袋的外形特点,掌握面料性能、丝缕与袋的关系。

②掌握立体贴袋整体工艺流程和操作方法,并能根据要求熟练制作。

③能够进行立体贴袋的款式设计制作并能合理设计其工艺流程。

任务内容

1. 产品效果

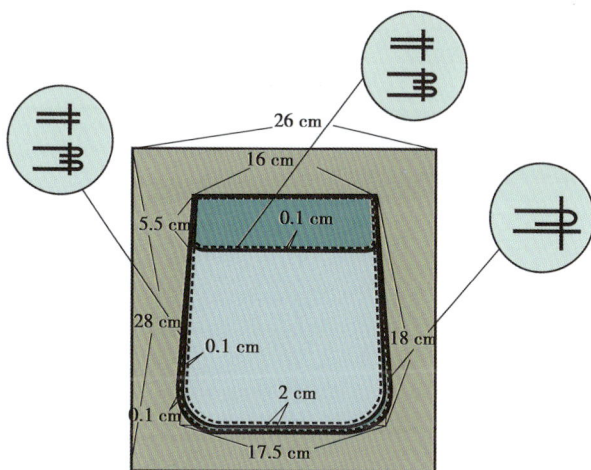

2. 工艺要求

袋口 16 cm,袋深 18 cm,袋底宽 17.5 cm,袋盖宽 5.5 cm,明线 0.1 cm,袋盖与袋口间距 1 cm,袋口包光缉明线 2 cm。

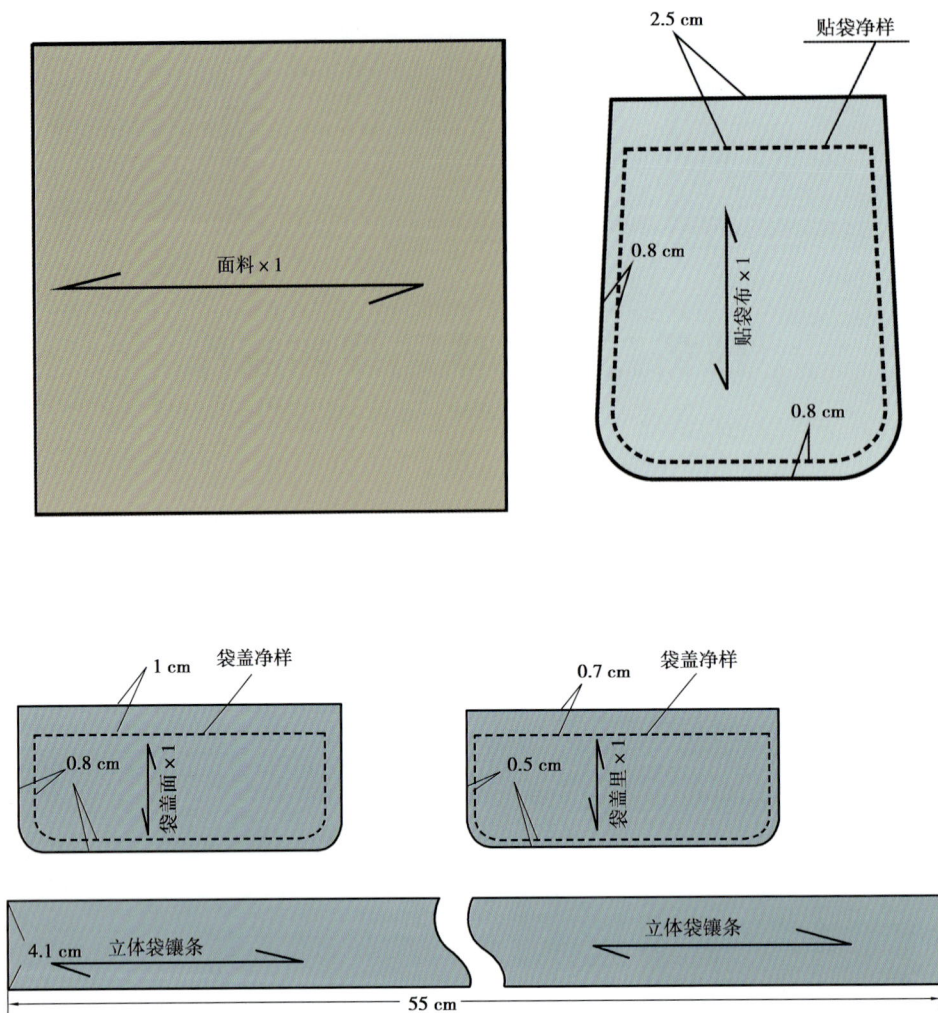

面料×1

2.5 cm · 贴袋净样

0.8 cm

贴袋布×1

0.8 cm

袋盖净样 · 1 cm

0.8 cm · 袋盖面×1

袋盖净样 · 0.7 cm

0.5 cm · 袋盖里×1

4.1 cm · 立体袋镶条

立体袋镶条

55 cm

3. 制作时间

30 min。

4. 工艺流程图

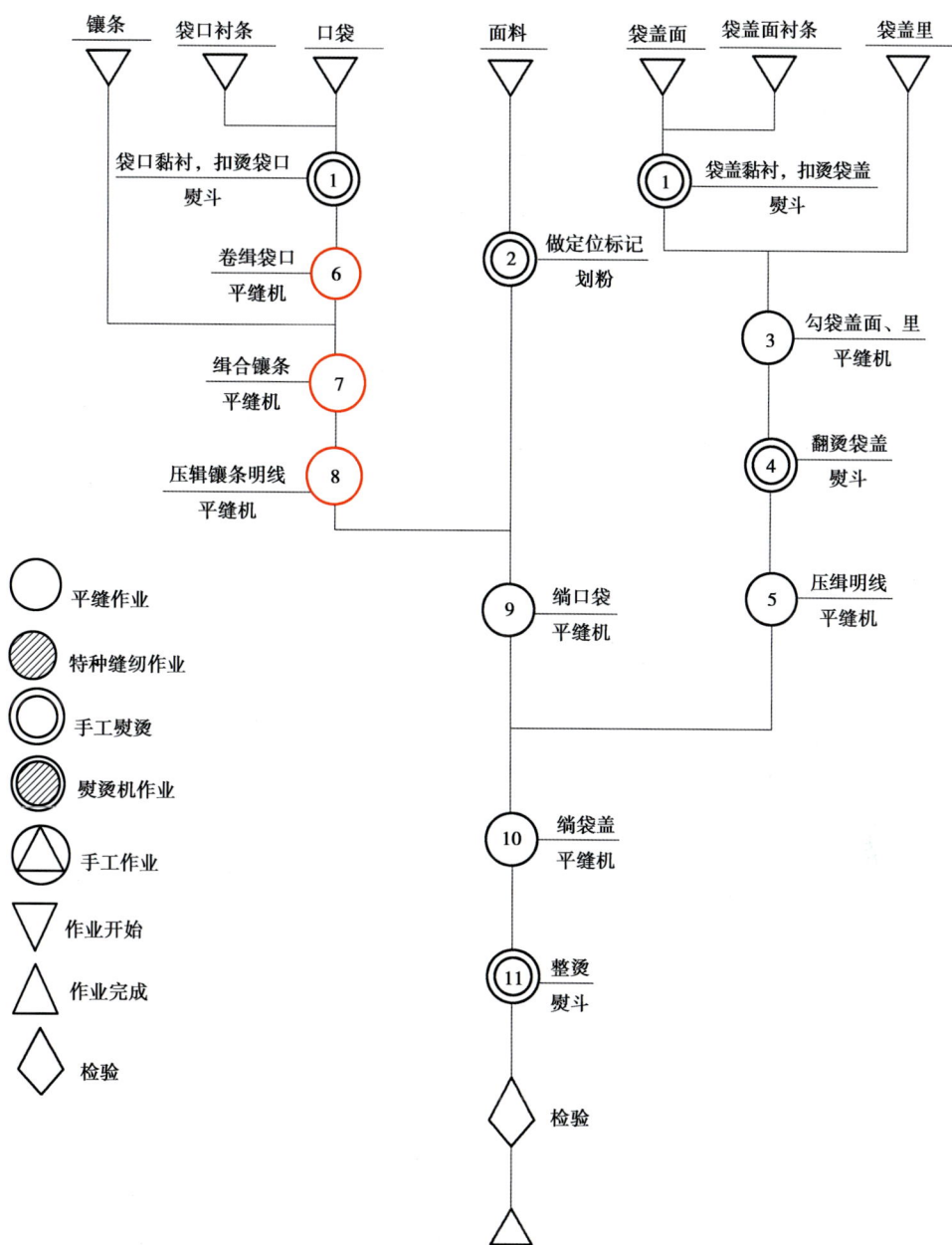

任务评价表

评价项目	分类	质量要求	分值/分	评分标准	得分/分
职业规范与素养	态度	准备充分,遵守纪律,卫生清洁	2	准备不充分,纪律乱,工作环境不整齐,卫生不清洁	
	安全	安全用电,安全使用工具,严格规程操作	3	不按照规程安全用电	
	职业操守	正确操作机器设备,符合"5S"管理要求	5	机器设备操作不规范,不符合"5S"管理要求	
成品	外观	外形美观,各部位平服,无丝绺、正反错误(从该项总分扣,扣完为止)	10	明显不平服	
			5	正反一致,丝绺正确,每错一处扣2分	
		成品整烫平服整洁,内外无线头(从该项总分扣,扣完为止)	5	有明显水花、沾污、极光,每处扣1分	
				正反面有线头,每处扣1分	
	规格	符合成品规格,不允许超出公差	5	袋口、袋盖长宽公差±0.2 cm,袋高公差超过±0.5 cm	
			5	各部位线迹符合成品质量要求,各部位明缉线公差±0.1 cm	
	缝制	袋位左右、高低对称,袋盖与袋口搭配适宜,袋盖圆角圆顺、平服、左右对称、宽窄一致,不反吐	5	袋位高低互差公差超过0.3 cm	
			5	袋盖与袋口配合明显不当、不平服	
			5	袋盖圆角明显不圆顺	
			5	吐止口,明线不符合要求	
			5	贴袋侧条宽窄一致,底边圆顺	
			5	袋盖宽窄明显不一致,袋口毛露	
		里、面松紧适宜,有窝服	10	袋盖里、面松紧不适宜,圆角外翘	
			5	明显不符合要求	
		各部位线路顺直、整齐,松紧适宜	5	缉线明显弯曲或不整齐	
			5	底面线不适宜	
		针距密度符合国际标准	5	明线针距不符合规定	
	时间	在规定的时间内完成		每超过10 min,扣5分	

5. 制作工艺卡

产品名称：**任务三　立体贴袋**

工序名称：**卷缉袋口**

工艺装备：**平缝机、口袋的熨烫样板**

操作要领及工艺要求：

　　按袋口线扣净袋口，缉0.1 cm止口。

2 cm

0.6 cm

0.1 cm

袋布
（反）

工序编号 ⑦ ⑧

产品名称：**任务三　立体贴袋**

工序名称：**缉合镶条、压缉镶条明线**

工艺装备：**平缝机、口袋的熨烫样板**

操作要领及工艺要求：

　　镶条与袋布正面相对，镶条在上，对齐按0.8 cm缝份缉线，保持上下层均匀吃势，转角时吃势自然。

0.8 cm

0.1 cm

袋布
（反）

镶条（反）

袋布
（正）

任务拓展

以小组合作的形式,观察分析下列案例,讨论其制作方法,设计工艺流程并完成产品的制作。同时自行设计一款立体袋,写出工艺流程并完成产品的制作。

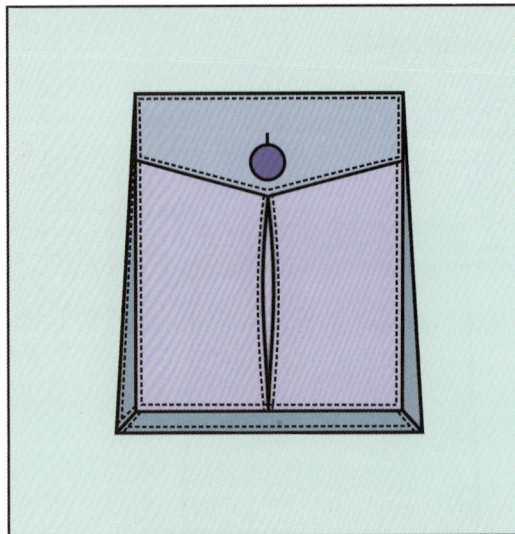

立体袋款式变化

挖袋的工艺制作

挖袋也称暗袋,是指放在衣片里面,在衣片上挖出袋口的一类衣袋。挖袋采用偏薄的面料(袋布)来制作,袋口主要分为加盖型、条型(单嵌线)和双条型(双嵌线)三种。挖袋多用于制服、大衣、裤子等,具有严谨、庄重、含蓄的特点。

任务一 双嵌线挖袋的制作

任务目标

①了解双嵌线挖袋的外形特点,掌握面料性能、丝缕与袋的关系。
②掌握挖袋整体工艺流程和操作方法,并能根据要求熟练制作。
③能够进行挖袋的相关款式设计制作并能合理设计其工艺流程。

任务内容

1. 产品效果

袋口长 14 cm,嵌线宽 1 cm。

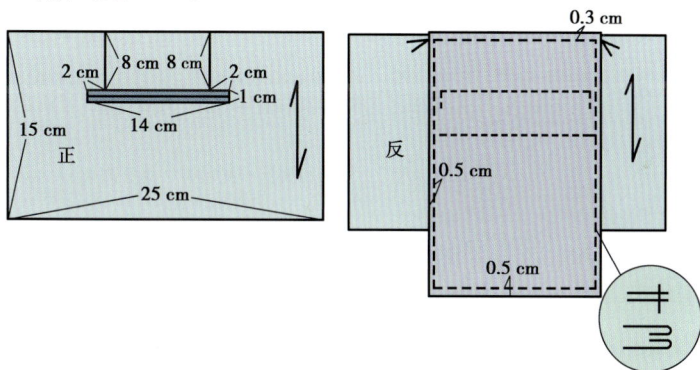

2. 工艺要求

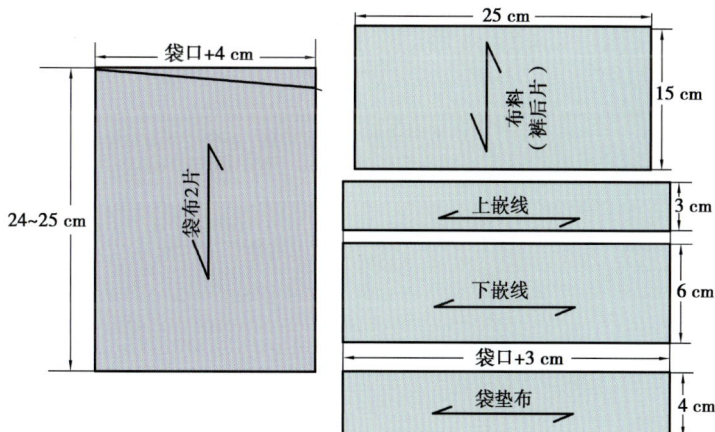

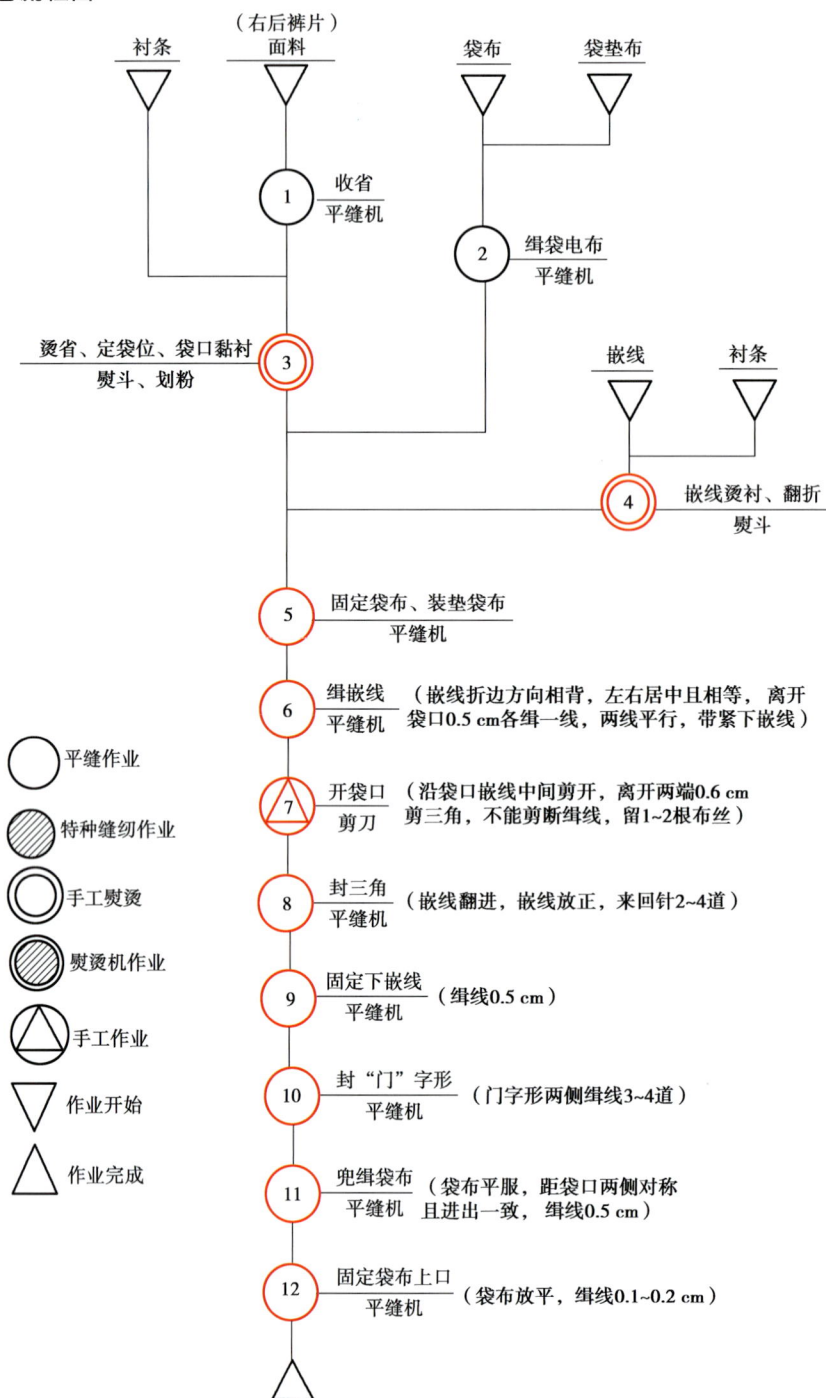

3. 完成时间

30 min。

4. 工艺流程图

衬条　（右后裤片）面料　袋布　袋垫布

① 收省　平缝机

② 缉袋电布　平缝机

③ 烫省、定袋位、袋口黏衬　熨斗、划粉

嵌线　衬条

④ 嵌线烫衬、翻折　熨斗

⑤ 固定袋布、装垫袋布　平缝机

⑥ 缉嵌线　平缝机　（嵌线折边方向相背，左右居中且相等，离开袋口0.5 cm各缉一线，两线平行，带紧下嵌线）

⑦ 开袋口　剪刀　（沿袋口嵌线中间剪开，离开两端0.6 cm剪三角，不能剪断缝线，留1~2根布丝）

⑧ 封三角　平缝机　（嵌线翻进，嵌线放正，来回针2~4道）

⑨ 固定下嵌线　平缝机　（缉线0.5 cm）

⑩ 封"门"字形　平缝机　（门字形两侧缉线3~4道）

⑪ 兜缉袋布　平缝机　（袋布平服，距袋口两侧对称且进出一致，缉线0.5 cm）

⑫ 固定袋布上口　平缝机　（袋布放平，缉线0.1~0.2 cm）

图例：
○ 平缝作业
◎ 特种缝纫作业
◎ 手工熨烫
◎ 熨烫机作业
△ 手工作业
▽ 作业开始
△ 作业完成

任务评价表

评价项目	分类	质量要求	分值/分	评分标准	得分/分
职业规范与素养	态度	准备充分,遵守纪律,卫生清洁	2	准备不充分,纪律乱,工作环境不整齐,卫生不清洁	
	安全	安全用电,安全使用工具,严格规程操作	3	不按照规程安全用电	
	职业操守	正确操作机器设备,符合"5S"管理要求	5	机器设备操作不规范,不符合"5S"管理要求	
成品	外观	外形美观,各部位平服,无丝绺、正反错误(从该项总分扣,扣完为止)	10	明显不平服	
			5	正反一致,丝绺正确,每错一处扣3分	
		成品整烫平服整洁,内外无线头(从该项总分扣,扣完为止)	5	有明显水花、沾污、极光,每处扣2分	
				正反面有线头,每处扣1分	
	规格	符合成品规格,不允许超出公差	3	袋口宽度 ±0.2 cm	
			3	袋口大小公差 ±0.2 cm	
			2	后袋布宽大小公差 ±0.3 cm	
			2	袋位高低互差公差超过0.3 cm	
	缝制	后袋口距腰口一致,省位左右对称	5	后袋距腰口互差不大于0.3 cm	
			5	两省缉线不顺直,不到位	
			5	省尖距袋两端不对称,互差不大于0.2 cm	
		袋口自然闭合,上下嵌条顺直,宽窄适宜	6	袋口上下嵌条没闭合(豁开)或相互叠压	
			6	上下嵌条缉线不顺直,宽窄不一致	
		袋口松紧一致,宽窄一致。袋角方正,封口牢固	6	松紧不一致	
			8	两角明显不方正,封口不牢固,有毛露(每处扣2分)	
			3	嵌线、袋垫没缉牢或漏缉	
		袋布明线顺直,无毛露	4	有毛露,明线不顺直,拧斜	
			3	袋布两端距袋口对称,进出一致	
		各部位线路顺直、整齐,松紧适宜	3	缉线明显弯曲或不整齐	
			3	各部位线迹符合成品质量要求	
		针距密度符合国际标准	3	明线针距不符合规定	
时间		在规定的时间内完成		每超过10 min,扣5分	

5. 制作工艺卡

工序编号　③

产品名称：任务四　男西裤后挖袋

工序名称：烫省、定袋位、袋口黏衬

工艺装备：烫台、熨斗、黏胶衬、划粉

操作要领及工艺要求：

　　1.烫省：裤片反面省缝均朝后裆缝倒，省尖处胖势向腰口方向推匀，袋口位横丝呈上拱形。

　　2.定袋位、黏衬：在后裤片正面，袋口线向上、向下各0.8 cm画线，反面在相应的位置黏衬。

工序编号　④

产品名称：任务四　男西裤后挖袋

工序名称：嵌线烫衬、翻折

工艺装备：嵌线、黏胶衬、烫台、熨斗、划粉

操作要领及工艺要求：

　　1.黏胶衬与嵌线放齐，烫牢。

　　2.下嵌线有衬的一边折转1 cm烫平，上嵌线双层对折成1 cm修齐，并在上下嵌线的反面沿折转边分别画出嵌线宽0.5 cm和袋口大14 cm。

工序编号 ⑤

产品名称：**任务四　男西裤后挖袋**

工序名称：固定袋布、装垫袋布

工艺装备：烫台、熨斗、黏胶衬、划粉

操作要领及工艺要求：

　　1.固定袋布：在后裤片的反面，把袋布伸到腰口，袋布两端进出距离一致，长针缉线固定。袋布斜势与裤片腰口起翘斜势相符。

　　2.装垫袋布：在下袋布处装垫袋布。垫袋布的位置是袋布向上折转至腰口，并齐袋口向上1 cm画线一道，放垫袋布，在垫袋布下口缉线固定。

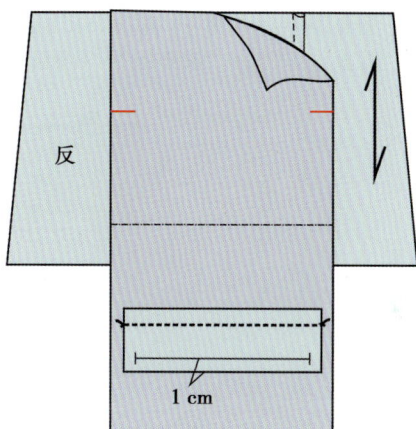

反

1 cm

工序编号 ⑥

产品名称：**任务四　男西裤后挖袋**

工序名称：缉嵌线

工艺装备：嵌线、平缝机

操作要领及工艺要求：

　　上、下嵌线的折边方向分别抵袋口向上、向下0.8 cm处，左右大小按照袋口大小规格，距离袋口上下各0.4 cm缉线，起落手来回针缉牢固。

　　注意：缉下嵌线时要带紧，使上下丝绺一致，袋角方能方正。

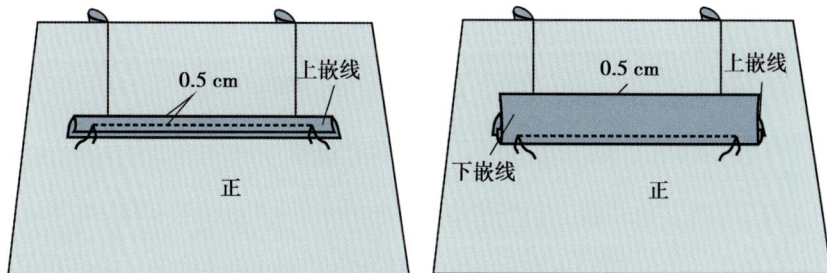

0.5 cm　　上嵌线

正

0.5 cm　　上嵌线

下嵌线　　正

工序编号 ⑦

产品名称：任务四 男西裤后挖袋

工序名称：开袋口

工艺装备：剪刀

操作要领及工艺要求：

沿袋口缉线中间剪开，离开袋口0.6 cm剪三角，不能剪断缉线，且应离开线1~2根布丝。

注意：离开太多，袋角会打裥不平服，剪开太足，袋角会毛出。

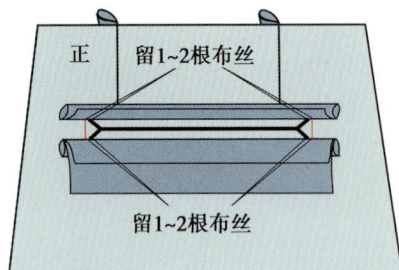

工序编号 ⑧

产品名称：任务四 男西裤后挖袋

工序名称：封三角

工艺装备：平缝机

操作要领及工艺要求：

嵌线翻进，两边裤片、袋布翻起封三角，来回针缉3~4道。

注意：封三角时嵌线要放正。

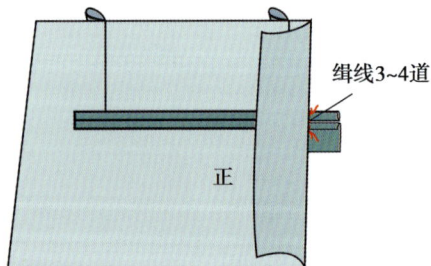

工序编号 ⑨

产品名称：任务四　男西裤后挖袋
工序名称：固定嵌线与袋布
工艺装备：平缝机
操作要领及工艺要求：

　　嵌线两端修进0.5 cm，下嵌线下口
与袋布缉牢。

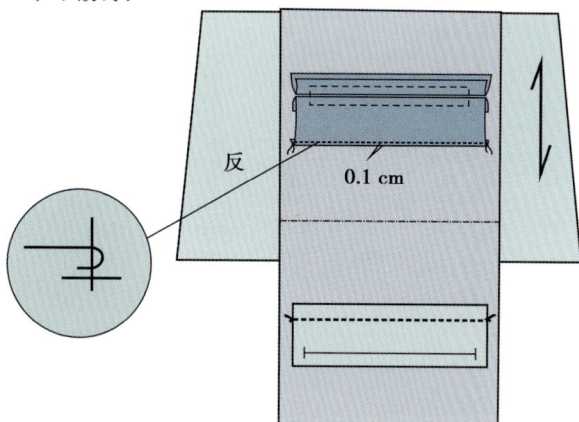

反

0.1 cm

工序编号 ⑩

产品名称：任务四　男西裤后挖袋
工序名称：封门子形
工艺装备：平缝机
操作要领及工艺要求：

　　袋口两边的后裤片翻起，袋上口的后裤片翻下，紧靠袋口用门子形固定下袋布与垫袋
布，门子形两边缉来回针3~4道。

　　注意：封门子形时，把上袋口向下推成弧形，使袋口不豁开。

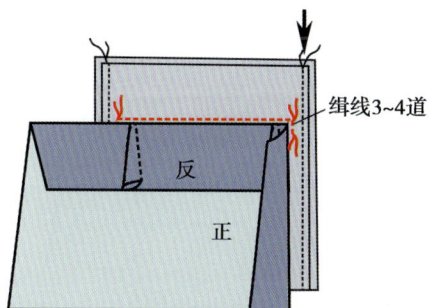

缉线3~4道

反

正

工序编号 ⑪

产品名称：**任务四　男西裤后挖袋**

工序名称：**兜缉袋布**

工艺装备：**平缝机**

操作要领及工艺要求：

　　袋布平服，距袋口两侧对称且
进出一致，缉线0.5 cm。

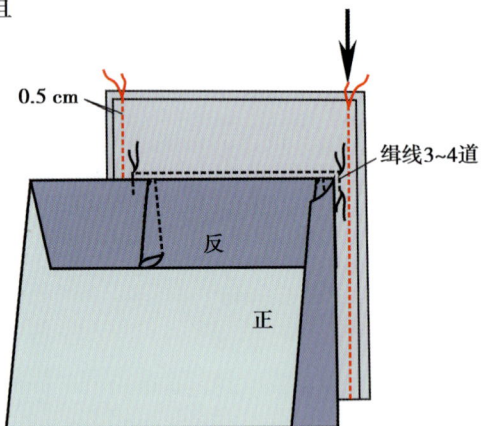

0.5 cm

缉线3~4道

反

正

工序编号 ⑫

产品名称：**任务四　男西裤后挖袋**

工序名称：**固定袋布上口**

工艺装备：**平缝机**

操作要领及工艺要求：

　　袋布与裤片放平，上口与腰口缉线固定，修剪上口袋。

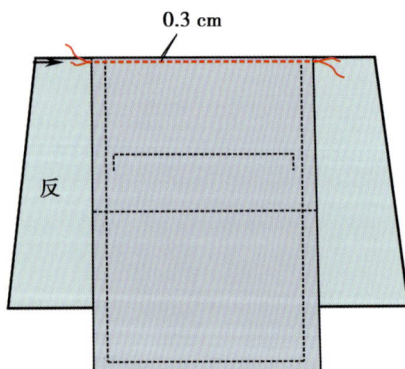

0.3 cm

反

任务拓展

以小组合作的形式,观察分析下列案例,讨论其制作方法与双嵌线挖袋的区别,设计工艺流程并完成产品的制作。

1. 产品效果

袋口长 14 cm,嵌线宽 1 cm。

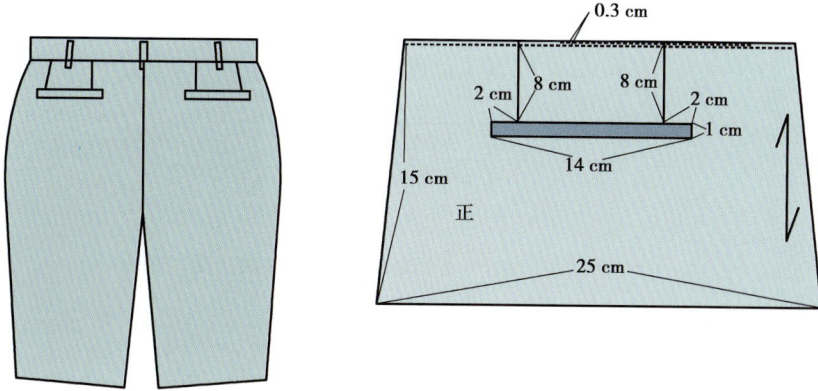

说明:单嵌线挖袋也称一字嵌线袋,属于单条型挖袋,是男西裤款式中最常见的后开袋,广泛应用于上衣、夹克衫、休闲裤等服装中。

2. 工艺要求

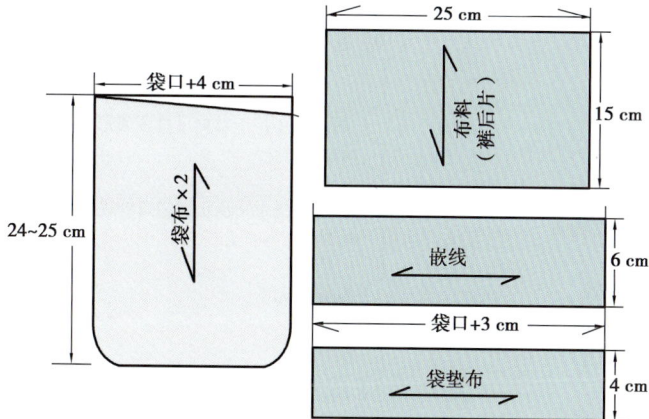

3. 完成时间

30 min。

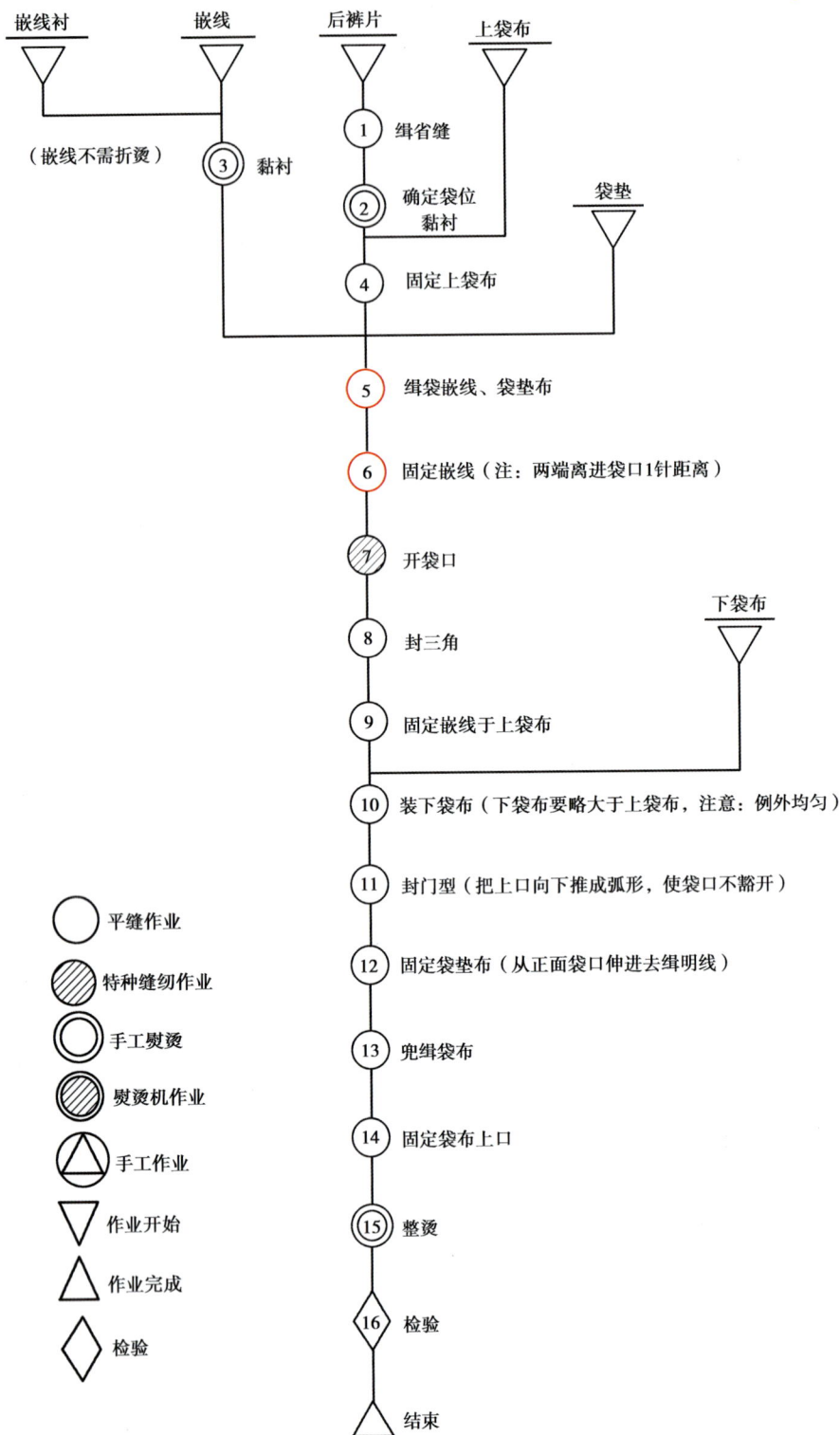

4. 工艺流程图

嵌线衬　　嵌线　　后裤片　　上袋布

（嵌线不需折烫）　③ 黏衬

① 缉省缝

② 确定袋位　黏衬

袋垫

④ 固定上袋布

⑤ 缉袋嵌线、袋垫布

⑥ 固定嵌线（注：两端离进袋口1针距离）

⑦ 开袋口

⑧ 封三角

下袋布

⑨ 固定嵌线于上袋布

⑩ 装下袋布（下袋布要略大于上袋布，注意：例外均匀）

⑪ 封门型（把上口向下推成弧形，使袋口不豁开）

⑫ 固定袋垫布（从正面袋口伸进去缉明线）

⑬ 兜缉袋布

⑭ 固定袋布上口

⑮ 整烫

⑯ 检验

结束

○ 平缝作业

◨ 特种缝纫作业

◎ 手工熨烫

◕ 熨烫机作业

△ 手工作业

▽ 作业开始

△ 作业完成

◇ 检验

5. 制作工艺卡

工序编号 ⑤

产品名称：任务四　男西裤后挖袋——单嵌线袋

工序名称：缉袋嵌线、袋垫布

工艺装备：平缝机

操作要领及工艺要求：

　　1.缉袋嵌线：将袋嵌线有黏合衬的一边与裤片正面相叠，与袋口位置放齐，左右居中，离开上口1 cm缉线一道。

　　2.缉袋垫布：袋垫布与裤片正面相叠，一边塞进嵌线的1 cm缝头下面，与嵌线缉线平齐。沿嵌线边沿缉线一道，两缉线距离为1 cm。缉线时注意上、下层松紧一致，缉线两端与袋位两端位置相符，前后袋口四绺要直，否则翻出时不方正。

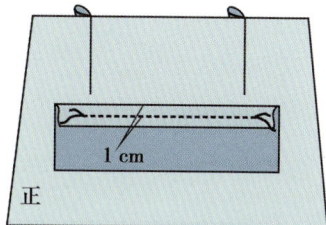

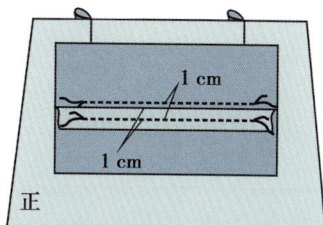

工序编号 ⑥

产品名称：任务四　男西裤后挖袋——单嵌线袋

工序名称：固定嵌线

工艺装备：平缝机

操作要领及工艺要求：

　　1.翻转嵌线：将嵌线与裤片分缝，下口向上折转1 cm，前线宽窄一致，然后烫平服。

　　2.固定嵌线：在裤片反面将上袋布翻起，在袋布边缉线一道，固定嵌线。

　　注意：起落针离袋口两端一致。

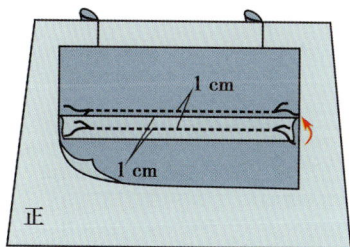

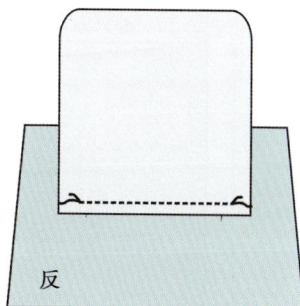

任务二　加袋盖嵌线袋的制作

任务目标

①了解加袋盖嵌线袋的外形特点,掌握面料性能、丝绺与袋的关系。

②掌握加袋盖嵌线袋整体工艺流程和操作方法,并能根据要求熟练制作。

③能够进行加袋盖嵌线袋的款式设计制作,并能合理设计其工艺流程。

任务内容

1.产品效果

袋口长 14 cm,嵌线宽 1 cm,袋盖宽 5.5 cm。

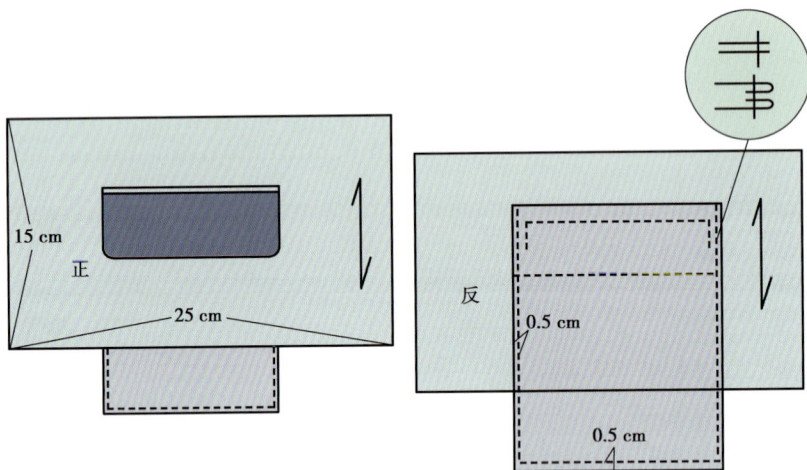

2.工艺要求

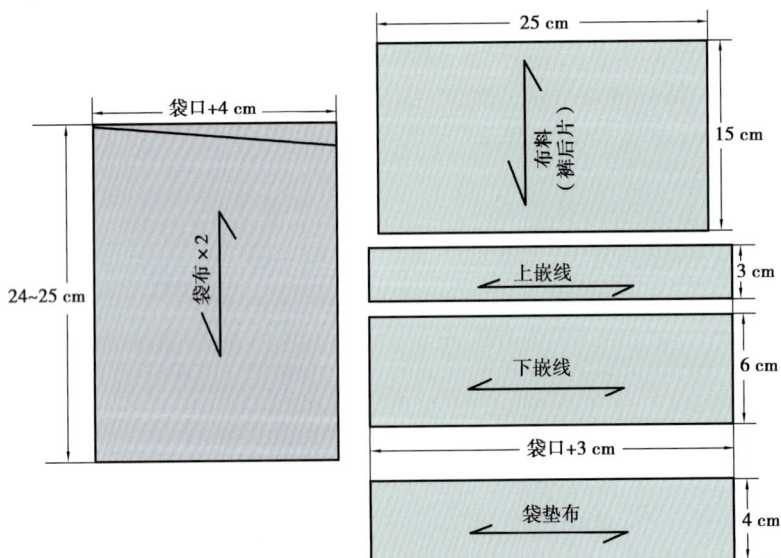

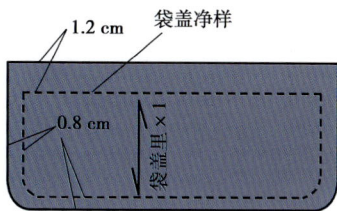

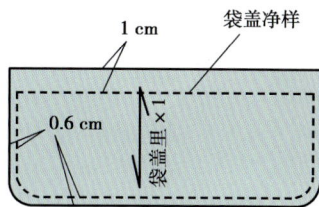

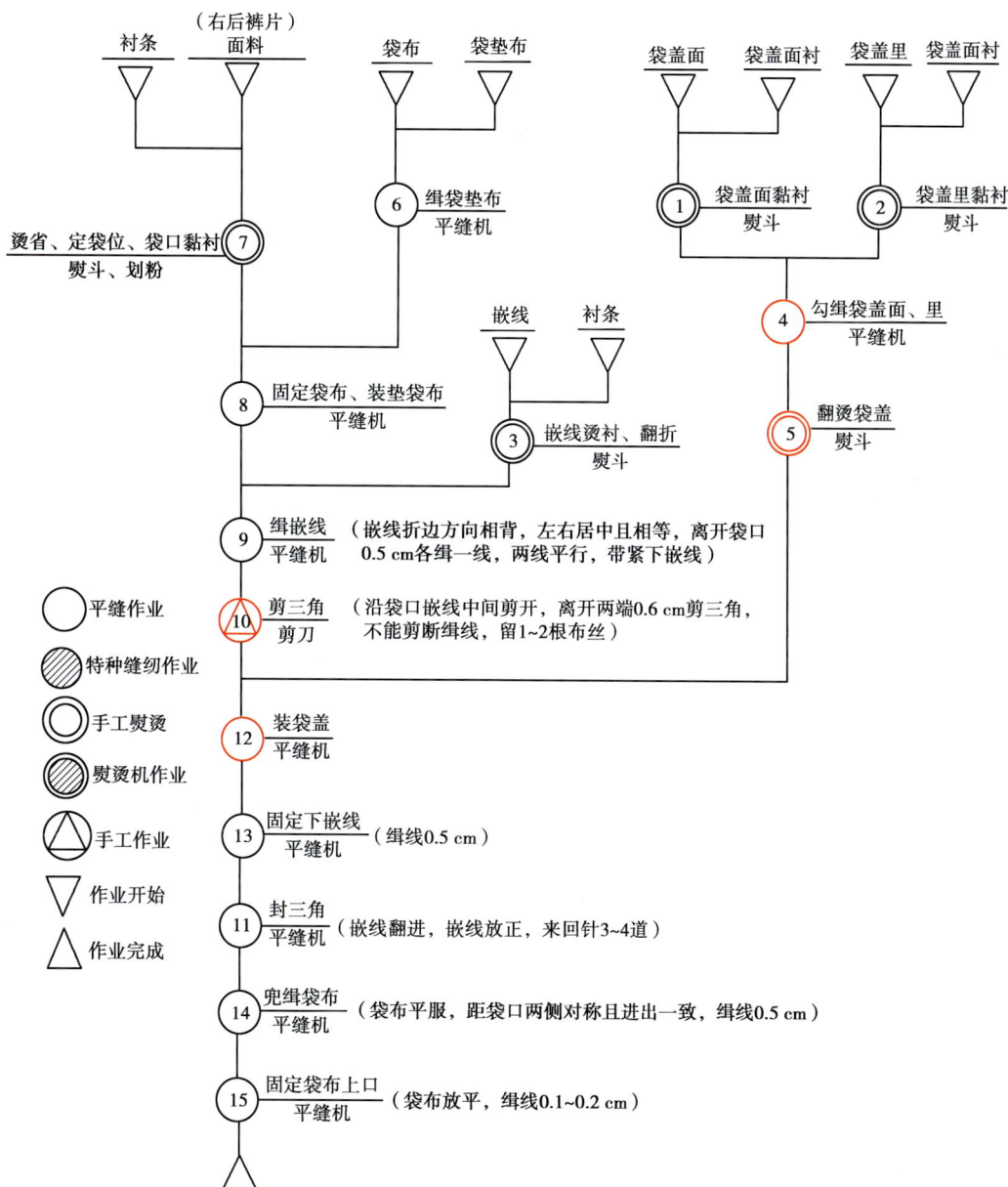

3. 完成时间

30 min。

4. 工艺流程图

任务评价表

评价项目	分类	质量要求	分值/分	评分标准	得分/分
职业规范与素养	态度	准备充分,遵守纪律,卫生清洁	2	准备不充分,纪律乱,工作环境不整齐,卫生不清洁	
	安全	安全用电,安全使用工具,严格规程操作	3	不按照规程安全用电	
	职业操守	正确操作机器设备,符合"5S"管理要求	5	机器设备操作不规范,不符合"5S"管理要求	
成品	外观	外形美观,各部位平服,无丝绺、正反错误(从该项总分扣,扣完为止)	10	明显不平服	
			5	正反一致,丝绺正确,每错一处扣2分	
		成品整烫平服整洁,内外无线头(从该项总分扣,扣完为止)	5	有明显水花、沾污、极光,每处扣1分	
				正反面有线头,每处扣1分	
	规格	符合成品规格,不允许超出公差	3	袋口宽度±0.2 cm	
			3	袋口大小公差±0.2 cm	
			2	后袋布宽大小公差±0.3 cm	
			2	袋位高低互差公差超过0.3 cm	
	缝制	袋盖圆角圆顺、平服、左右对称、宽窄一致,不反吐	5	袋盖与袋口配合明显不当、不平服	
			5	袋盖圆角明显不圆顺	
			5	吐止口,明线不符合要求	
		袋口自然闭合,上下嵌条顺直,宽窄适宜	6	袋口上下嵌条没闭合(豁开)或相互叠压	
			6	上下嵌条绲线不顺直,宽窄不一致	
		袋口松紧一致,宽窄一致,袋角方正,封口牢固	6	松紧不一致	
			8	两角明显不方正,封口不牢固,有毛露(每处扣2分)	
			3	嵌线、袋垫没绲牢或漏绲	
		袋布明线顺直,无毛露	4	有毛露,明线不顺直,拧斜	
			3	袋布两端距袋口对称,进出一致	
		各部位线路顺直、整齐,松紧适宜	3	绲线明显弯曲或不整齐	
			3	各部位线迹符合成品质量要求	
		针距密度符合国际标准	3	明线针距不符合规定	
时间		在规定的时间内完成		每超过10 min,扣5分	

5. 制作工艺卡

工序编号 ④

产品名称：任务五　加袋盖嵌线袋

工序名称：勾缉袋盖面、里

工艺装备：平缝机、袋盖净样板

操作要领及工艺要求：

　　1.袋盖面、里正面相对，反面向外。袋盖里在上，袋盖面在下层，缝份对齐，按净线车缉。缉时袋盖里略紧，缉线顺直，圆角圆顺（或将袋盖面、里用擦线擦好，圆角处袋盖面略放层势，车缉）。

　　2.缉线时，上层袋盖里左手要注意推送，在直线部位保持上下层面料吃势一致；缉至袋盖角位置时，袋盖面保持好层势。

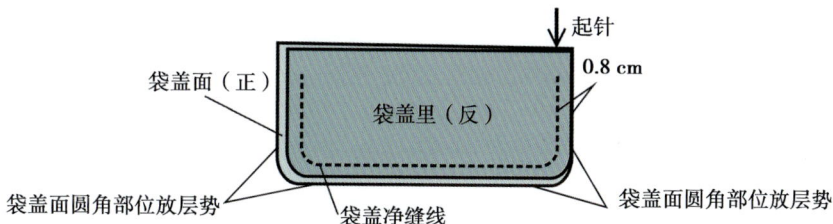

起针
0.8 cm
袋盖面（正）
袋盖里（反）
袋盖面圆角部位放层势
袋盖净缝线
袋盖面圆角部位放层势

工序编号 ⑤

产品名称：任务五　加袋盖嵌线袋

工序名称：翻烫袋盖

工艺装备：平缝机、熨斗、烫布、袋盖净样板

操作要领及工艺要求：

　　缝头留0.3~0.4 cm，其余剪掉。将袋盖圆角处缝头折转，然后翻出。用熨斗把袋盖夹里止口烫平、烫圆顺，夹里止口坐进0.1 cm。将袋盖正面向上放在布馒头上，盖上烫布熨烫定型。注意袋盖圆角处要有窝势，袋盖左右对称，造型一致。

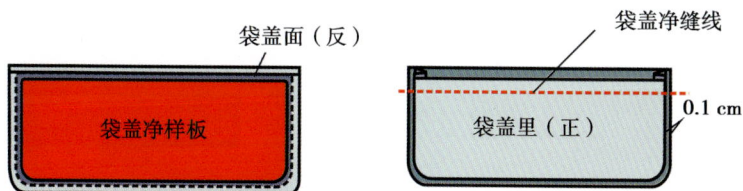

袋盖面（反）
袋盖净样板
袋盖净缝线
袋盖里（正）
0.1 cm

工序编号 ⑩

产品名称：任务五　加袋盖嵌线袋

工序名称：剪三角

工艺装备：剪刀

操作要领及工艺要求：

　　沿袋口缉线中间剪开，离开袋口0.6 cm剪三角，不能剪断缉线，并要离开线1~2根布丝。

　　注意：离开太多，袋角会打裥不平服，剪开太足，袋角会毛出。将嵌线烫分开缝，折转嵌线，下嵌线顺直。

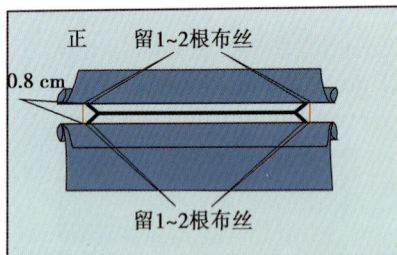

正　　留1~2根布丝

0.8 cm

留1~2根布丝

工序编号 ⑫

产品名称：任务五　加袋盖嵌线袋

工序名称：装袋盖

工艺装备：平缝机

操作要领及工艺要求：

　　先把袋盖及袋垫布缉在下层袋布上，将袋布塞入袋口嵌线内，袋盖净宽线与嵌线对齐，离开上嵌线向内先将袋布和袋盖固定，然后在反面封门子形将袋盖与上嵌线一起缉牢。

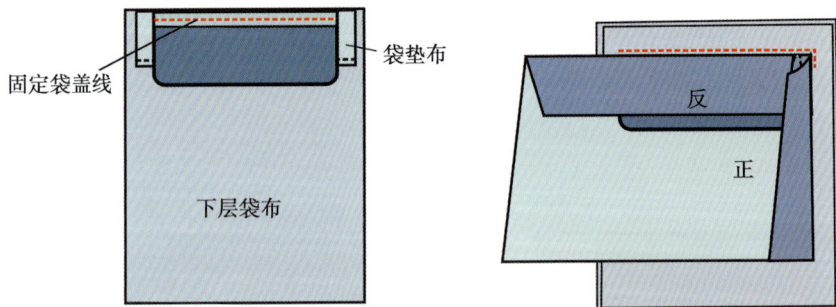

固定袋盖线

袋垫布

下层袋布

反

正

任务拓展

以小组合作的形式,观察分析下列案例,讨论其制作方法,设计工艺流程图并完成产品的制作。

1.产品效果

袋口长 14 cm,嵌线宽 1 cm。

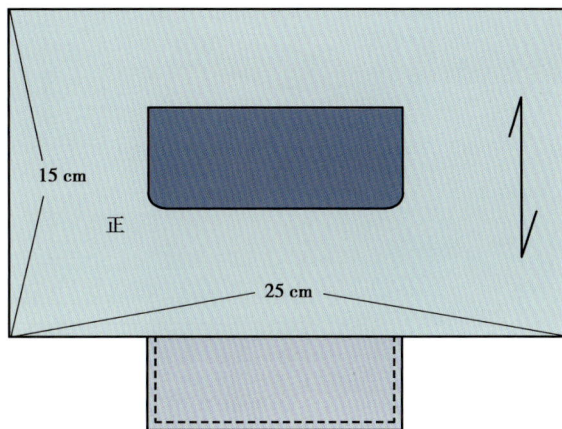

2.工艺要求

与加袋盖双嵌线开袋基本相同,省略上前线即可。

3.完成时间

30 min。

任务三　西服手巾袋的制作

任务目标

①理解手巾袋的外形特点,掌握做手巾袋的质量要求。

②熟练掌握手巾袋的工艺制作流程及制作方法、技巧。

③掌握手巾袋制作方法,合理设计相关挖袋的制作流程。

任务内容

1. 产品效果

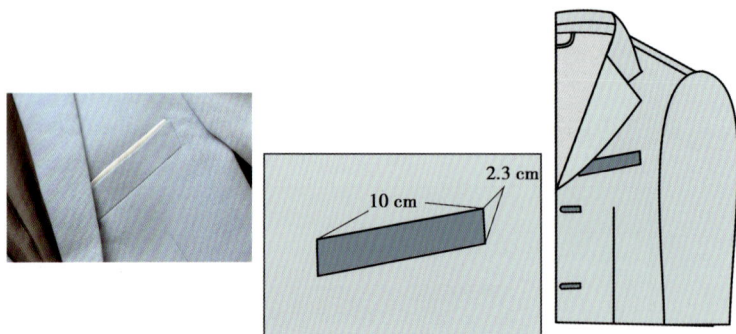

2. 工艺要求

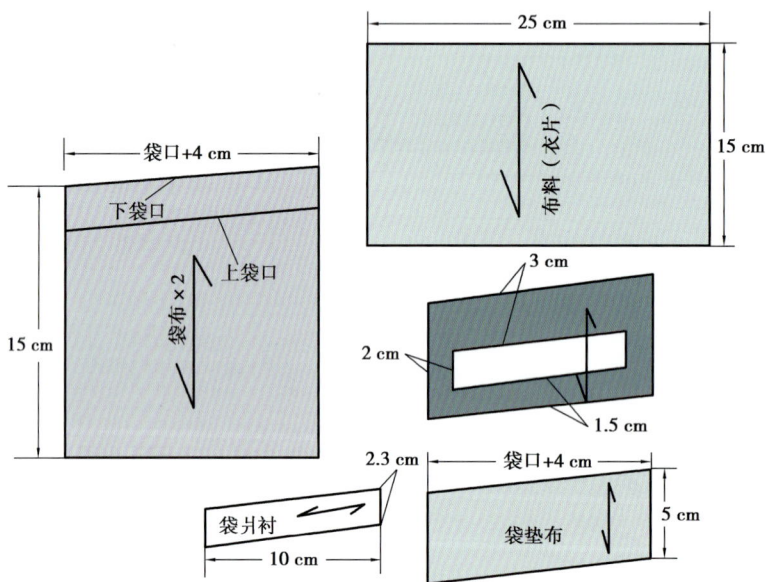

3. 完成时间

30 min。

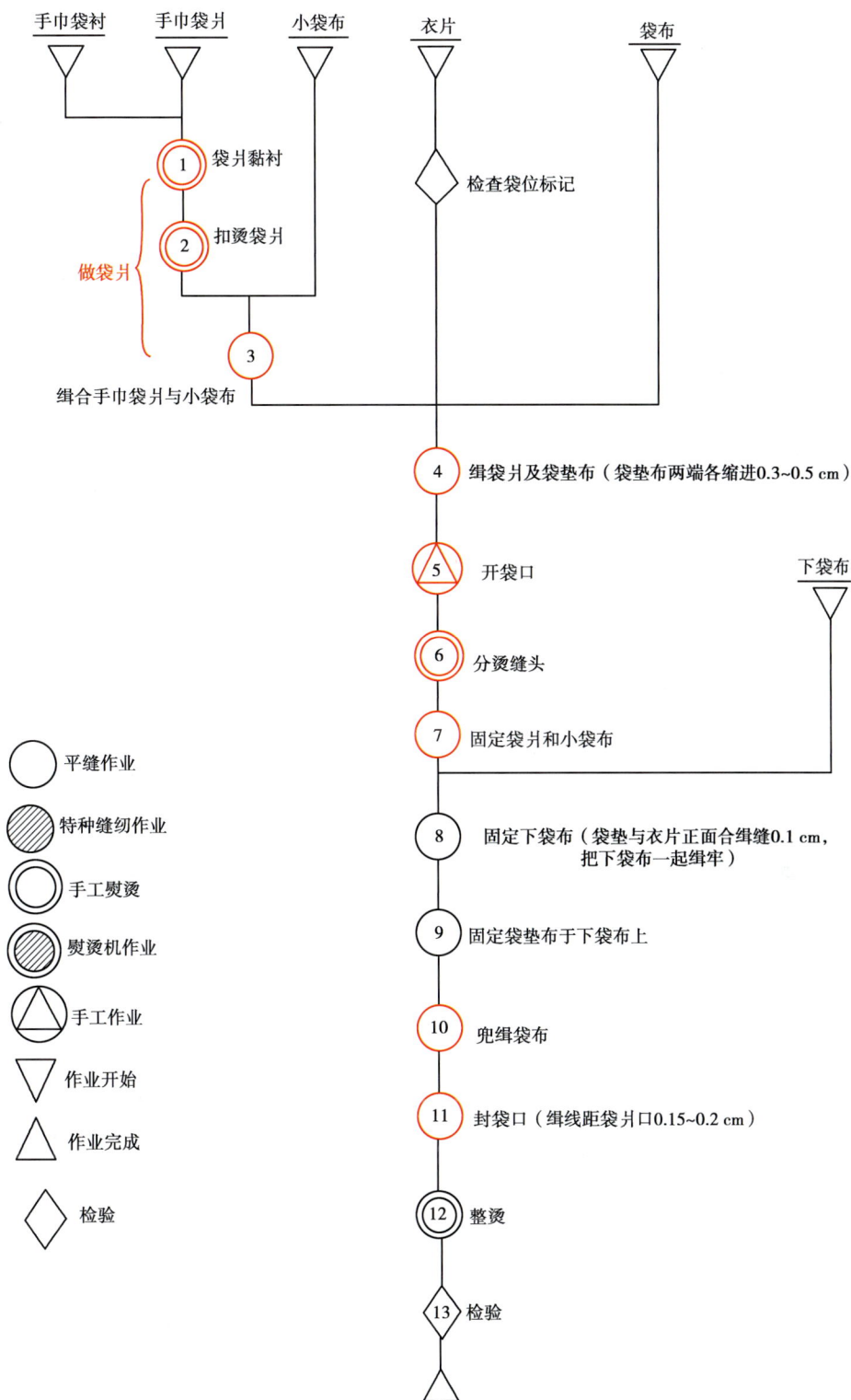

4. 工艺流程图

手巾袋衬　　手巾袋爿　　小袋布　　　衣片　　　　　　　袋布

① 袋爿黏衬

② 扣烫袋爿

做袋爿

检查袋位标记

③ 缉合手巾袋爿与小袋布

④ 缉袋爿及袋垫布（袋垫布两端各缩进0.3~0.5 cm）

⑤ 开袋口

下袋布

⑥ 分烫缝头

⑦ 固定袋爿和小袋布

⑧ 固定下袋布（袋垫与衣片正面合缉缝0.1 cm，把下袋布一起缉牢）

⑨ 固定袋垫布于下袋布上

⑩ 兜缉袋布

⑪ 封袋口（缉线距袋爿口0.15~0.2 cm）

⑫ 整烫

⑬ 检验

○ 平缝作业

◉ 特种缝纫作业

◎ 手工熨烫

◉ 熨烫机作业

△ 手工作业

▽ 作业开始

△ 作业完成

◇ 检验

任务评价表

评价项目	分类	质量要求	分值/分	评分标准	得分/分
职业规范与素养	态度	准备充分,遵守纪律,卫生清洁	2	准备不充分,纪律乱,工作环境不整齐,卫生不清洁	
	安全	安全用电,安全使用工具,严格规程操作	3	不按照规程安全用电	
	职业操守	正确操作机器设备,符合"5S"管理要求	5	机器设备操作不规范,不符合"5S"管理要求	
成品	外观	外形美观,各部位平服,无丝缕、正反错误(从该项总分扣,扣完为止)	10	明显不平服	
			5	正反一致,丝缕正确,每错一处扣2分	
		成品整烫平服整洁,内外无线头(从该项总分扣,扣完为止)	5	有明显水花、沾污、极光,每处扣1分	
				正反面有线头,每处扣1分	
	规格	符合成品规格,不允许超出公差	3	袋口宽度 ±0.2 cm	
			3	袋口大小公差 ±0.2 cm	
			2	后袋布宽大小公差 ±0.3 cm	
			2	袋位高低互差公差超过0.3 cm	
	缝制	口袋平服,袋口方正,封结牢固、整齐	5	袋口不平服、不方正、不整齐	
			5	丝缕歪斜	
			5	封结不牢固	
		袋口自然闭合,松紧适宜	6	袋口没闭合(豁开)	
			6	宽窄不一致	
			6	松紧不一致	
		整体无漏工现象,各部位绱线正确	8	两角明显不方正,封口不牢固,有毛露(每处扣2分)	
			3	嵌线、袋垫没绱牢或漏绱	
		袋布明线顺直,无毛露	4	有毛露,明线不顺直,拧斜	
			3	袋布两端距袋口对称,进出一致	
		各部位线路顺直、整齐,松紧适宜	3	绱线明显弯曲或不整齐	
			3	各部位线迹符合成品质量要求	
		针距密度符合国际标准	3	明线针距不符合规定	
时间		在规定的时间内完成		每超过10 min,扣5分	

5.制作工艺卡

工序编号 ①

产品名称：任务三 西服手巾袋的制作

工序名称：做袋爿——袋爿黏衬

工艺装备：烫台、熨斗、黏胶衬、划粉

操作要领及工艺要求：

　　按袋爿净样修剪，按大身丝缕对条对格。袋爿用树脂衬（硬衬），衬的袋口方向为直丝，袋爿反面黏衬。

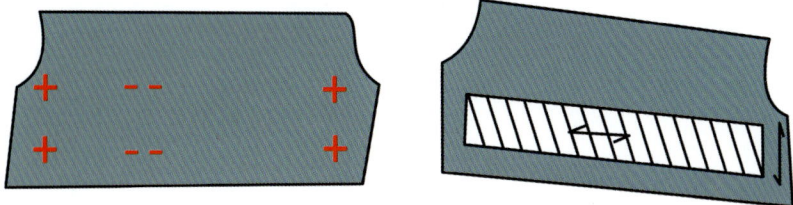

工序编号 ② ③

产品名称：任务四 西服手巾袋的制作

工序名称：做袋爿——扣烫袋爿，缉合手巾袋爿与小袋布

工艺装备：平缝机、袋爿、烫台、熨斗、划粉

操作要领及工艺要求：

　　1.袋爿左上角先剪去一缺口。将袋爿两侧及上口沿衬边包紧扣转。

　　2.扣烫好的袋爿与小片袋布正面相叠，袋爿伤口与袋布缉合。

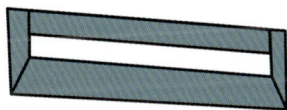

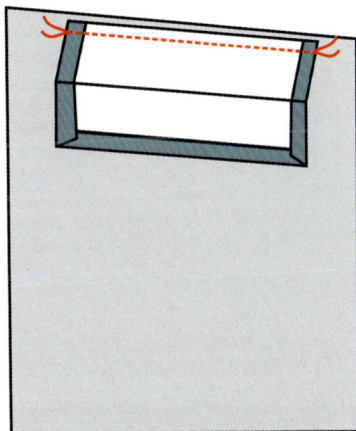

工序编号 ④

产品名称：任务四　西服手巾袋的制作
工序名称：绱袋爿及袋垫布
工艺装备：平缝机
操作要领及工艺要求：

　　袋爿下口缝头（约0.6 cm）绱袋
口位的下沿，袋垫布绱在袋口的上沿，
两线相距1 cm，袋垫布两端各缩进0.3~
0.5 cm。

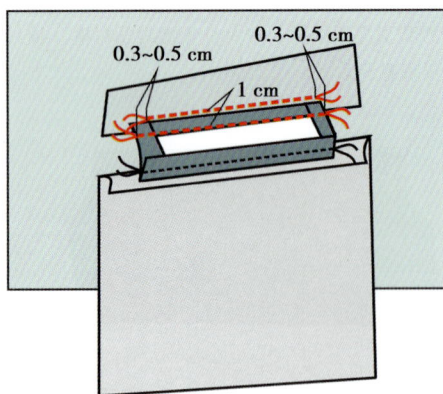

0.3~0.5 cm

0.3~0.5 cm

1 cm

工序编号 ⑤

产品名称：任务四　西服手巾袋的制作
工序名称：开袋口
工艺装备：剪刀
操作要领及工艺要求：

　　在两线中间剪开，袋口两端剪成三角形，注意不能剪断绱线。

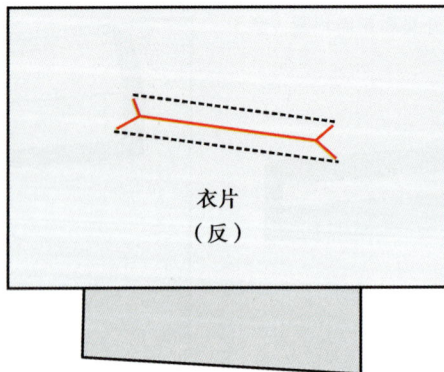

衣片
（反）

工序编号 ⑥

产品名称： 任务四　西服手巾袋的制作

工序名称： 分烫缝头

工艺装备： 熨斗、烫台

操作要领及工艺要求：

　　将袋爿缝头与袋垫板头分别烫分开缝。

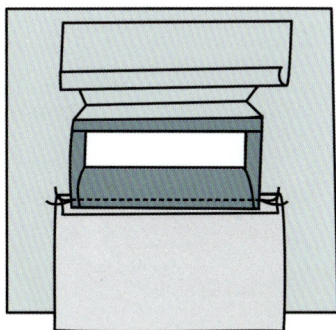

工序编号 ⑦

产品名称： 任务四　西服手巾袋的制作

工序名称： 固定袋爿和小袋布

工艺装备： 平缝机

操作要领及工艺要求：

　　袋爿与袋垫布翻进，小片袋布与袋爿摆平，沿分缝的缝份缉线一道，固定小袋布。再将下层袋布放上，在正面袋垫缝份两面各缉0.1 cm清止口。袋垫布下口扣光或拷边缉线固定在下袋布上。

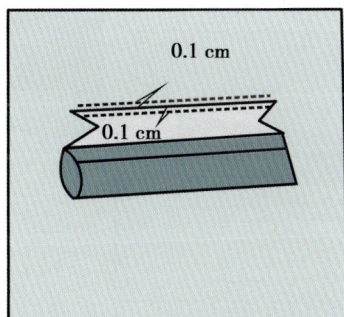

0.1 cm

0.1 cm

工序编号 ⑩

产品名称：**任务四　西服手巾袋的制作**

工序名称：**兜缉袋布**

工艺装备：**平缝机**

操作要领及工艺要求：

　　将两层袋布摆平，兜缉一圈。

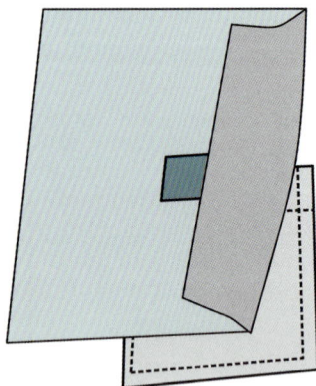

工序编号 ⑪

产品名称：**任务四　西服手巾袋的制作**

工序名称：**封袋口**

工艺装备：**平缝机**

操作要领及工艺要求：

　　将手巾袋爿两端摆正，三角插入，车缉来回针，缉止口0.15~0.2 cm。

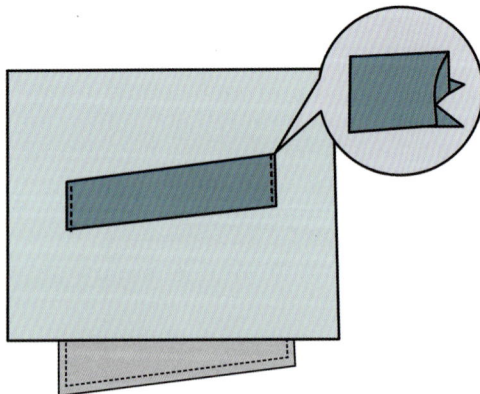

任务拓展

以小组合作的形式,比较分析单嵌线开袋与手巾袋的制作区别,讨论其设计工艺流程并分别制作一个。熟记其工艺流程。

制作要求:二者袋大与袋爿宽度相同。

工艺要求:袋口长 12 cm,嵌线宽 2.5 cm。

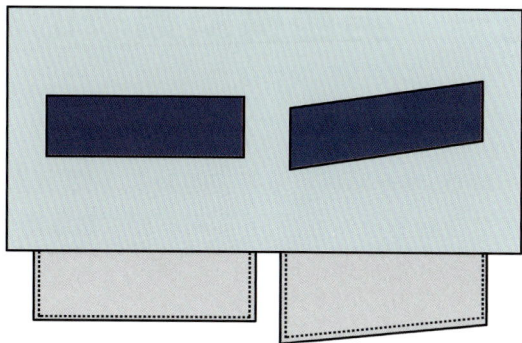

≫≫≫≫项目三
插袋的工艺制作

插袋也称借缝袋,是指把衣袋放在衣片里面,在衣缝中留出袋口的衣袋,具有隐蔽、整体、流畅的特点。

任务一　男西裤斜插袋的制作

任务目标

①了解斜插袋的外形特点,掌握面料丝缕与袋的关系,理解其质量要求。

②掌握斜插袋整体工艺流程和操作方法,并能根据要求熟练制作。

③掌握斜插袋的技术要点并能合理设计其工艺流程。

任务内容

1.产品效果

袋口长 15 cm,袋口明线 0.1 cm,上封口 3 cm,下封口 1 cm,袋口斜势 3 cm。

2.工艺要求

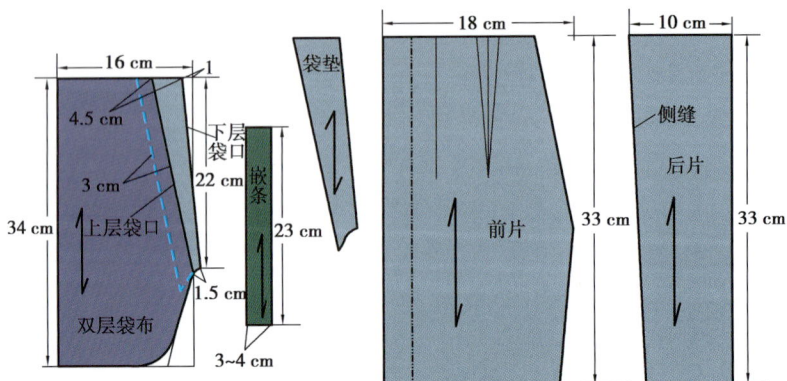

3. 制作时间

20 min。

4. 工艺流程图

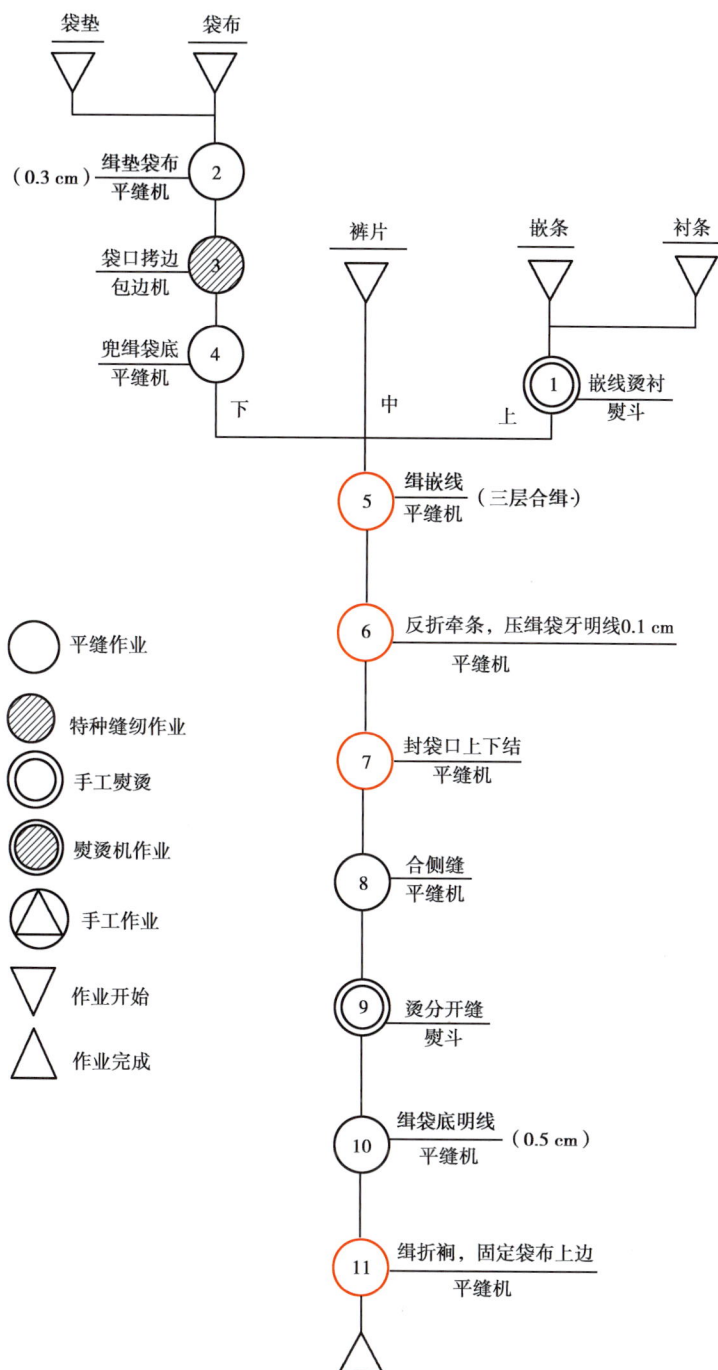

图例：
- 平缝作业
- 特种缝纫作业
- 手工熨烫
- 熨烫机作业
- 手工作业
- 作业开始
- 作业完成

流程：
- 袋垫 / 袋布
- （0.3 cm）缉垫袋布 平缝机 ②
- 袋口拷边 包边机 ③
- 兜缉袋底 平缝机 ④
- 裤片
- 嵌条 / 衬条
- 嵌线烫衬 熨斗 ①
- 下 / 中 / 上
- 缉嵌线 平缝机 ⑤（三层合缉·）
- 反折牵条，压缉袋牙明线0.1 cm 平缝机 ⑥
- 封袋口上下结 平缝机 ⑦
- 合侧缝 平缝机 ⑧
- 烫分开缝 熨斗 ⑨
- 缉袋底明线（0.5 cm） 平缝机 ⑩
- 缉折裥，固定袋布上边 平缝机 ⑪

任务评价表

评价项目	分类	质量要求	分值/分	评分标准	得分/分
职业规范与素养	态度	准备充分,遵守纪律,卫生清洁	2	准备不充分,纪律乱,工作环境不整齐、不清洁	
	安全	安全用电,安全使用工具,严格规程操作	3	不按照规程安全用电	
	职业操守	正确操作机器设备,符合"5S"管理要求	5	机器设备操作不规范,不符合"5S"管理要求	
成品	外观	外形美观,各部位平服,无丝缕、正反错误(从该项总分扣,扣完为止)	10	明显不平服	
			5	正反一致,各部位丝缕正确,每错一处扣2分	
		成品整烫平服整洁,内外无线头(从该项总分扣,扣完为止)	5	有明显水花、沾污、极光,每处扣1分	
				正反面有线头,每处扣1分	
	规格	符合成品规格,不允许超出公差	4	袋口长、宽大小公差±0.2 cm	
			4	袋口封结高低互差公差±0.2 cm	
			2	袋布长、宽大小公差±0.5 cm	
	缝制	口袋平服,袋口方正,封结牢固、整齐	6	嵌条不平服、不顺直,宽窄不一致	
			4	袋垫不平服,规格不符合要求	
			8	腰口不齐平,高低不一致	
			6	袋口封结不牢固,位置不正确	
			8	左右两袋不对称,规格不一致	
		袋布平服,袋底绲线牢固	4	袋布不平服	
			4	袋布绲线不牢固,不符合要求	
		各部位线路顺直、整齐,松紧适宜	6	各部位没有漏绲线,每漏绲一道扣2分	
			6	绲线明显弯曲或不整齐	
			4	底面线不适宜	
		针距密度符合国际标准	4	明线针距不符合规定	
时间		在规定的时间内完成		每超过10 min,扣5分	

5. 制作工艺卡

工序编号 ⑤

产片名称：任务一　斜插袋的制作

工序名称：缉嵌线（嵌线、裤片、袋布三层和缉）

工艺装备：平缝机

操作要领及工艺要求：

　　后袋布拉开，前袋布与裤片反面相叠，袋口贴边与裤片正面相叠，都平齐裤片袋外口，三层一起缝合。在贴边的嵌线部位可黏上牵条，以增加嵌线的饱满度。

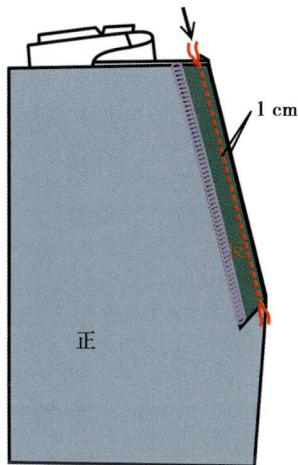

1 cm

正

工序编号 ⑥

产品名称：任务三　斜插袋的制作

工序名称：反折嵌条，压缉袋牙明线0.1 cm

工艺装备：平缝机、熨斗、烫布

操作要领及工艺要求：

　　缝份均向裤片坐倒，若要减少厚度，可把袋布一层缝份留0.15 cm后修掉其余部分，嵌条折转，坐出宽度0.3 cm烫平，并在正面袋布位置缉0.1 cm清止口，固定嵌线。

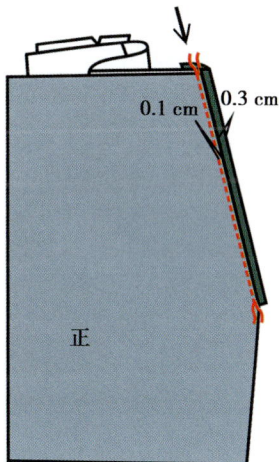

0.1 cm　0.3 cm

正

工序编号 ⑦

产品名称：任务三　斜插袋的制作

工序名称：封袋口上下结

工艺装备：平缝机（打结机）

操作要领及工艺要求：

　　袋垫布放平，上袋口按斜插袋位置方正，后袋布拉开，袋垫布与下袋角侧缝固定。上下袋口按袋口长15 cm，上下各缉线3~4道。

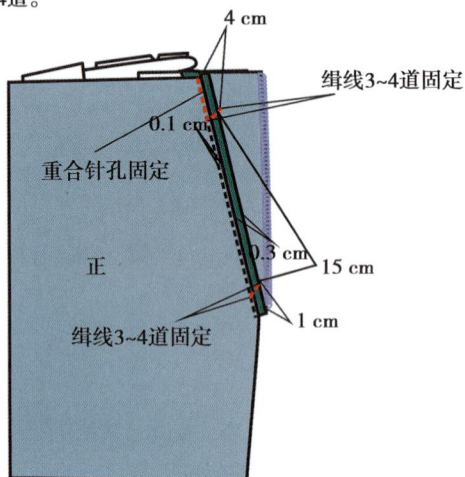

4 cm

缉线3~4道固定

0.1 cm

重合针孔固定

正

0.3

15 cm

缉线3~4道固定

1 cm

工序编号 ⑪

产品名称：任务三　斜插袋的制作

工序名称：缉折裥，固定袋布上边

工艺装备：平缝机、熨斗、烫布

操作要领及工艺要求：

　　把前腰口的两只裥折好，与袋布一起摆平缉牢，缝份0.3 cm，注意裥的方向符合反裥（正面倒向侧缝）的要求。

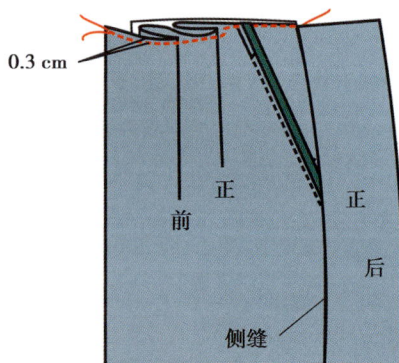

0.3 cm

前

正

正

后

侧缝

任务拓展

以小组合作的形式,观察分析下列两款案例(袋口没有加嵌条),讨论其制作方法,绘图设计工艺流程图并完成产品的制作。

1.产品效果

袋口长 15 cm,明线宽 0.8 cm。

款式 1:

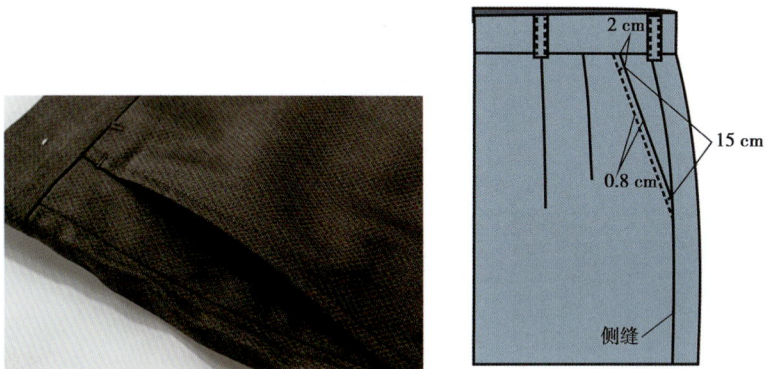

款式 2:

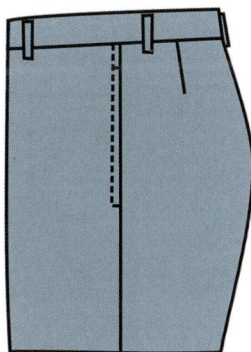

直插袋外形

2.工艺要求

基本相同于斜插袋,无嵌条。

3.完成时间

30 min。

任务二 月牙袋的制作

任务目标

①了解月牙袋的外形特点,掌握其结构组成及质量要求。

②掌握月牙袋整体工艺流程和操作方法,并能根据要求熟练制作。

任务内容

1. 产品效果

袋口长 15 cm,袋口明线 0.1 cm,上封口 3 cm,下封口 1 cm,袋口斜势 3 cm。

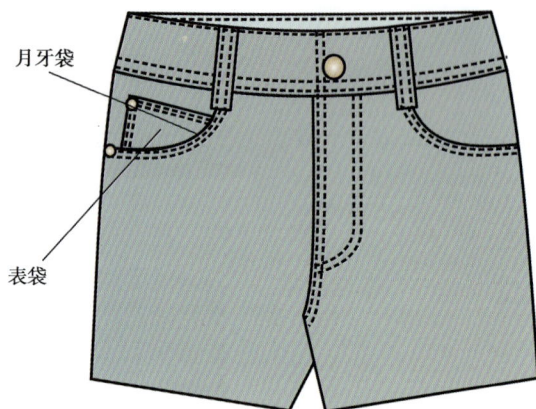

2. 工艺要求

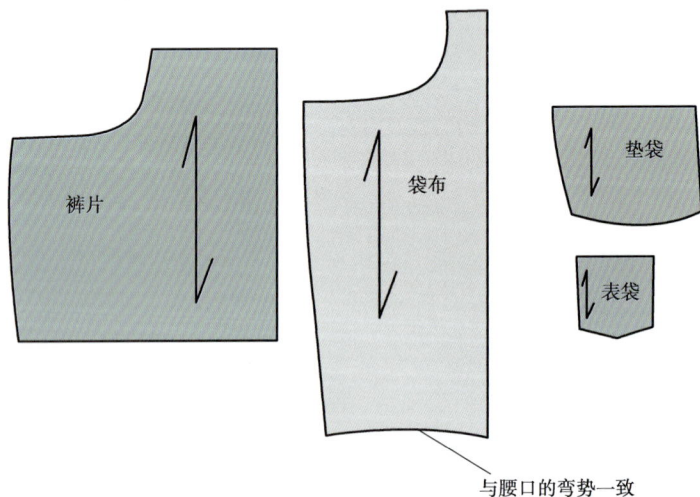

3. 制作时间

30 min。

4. 工艺流程图

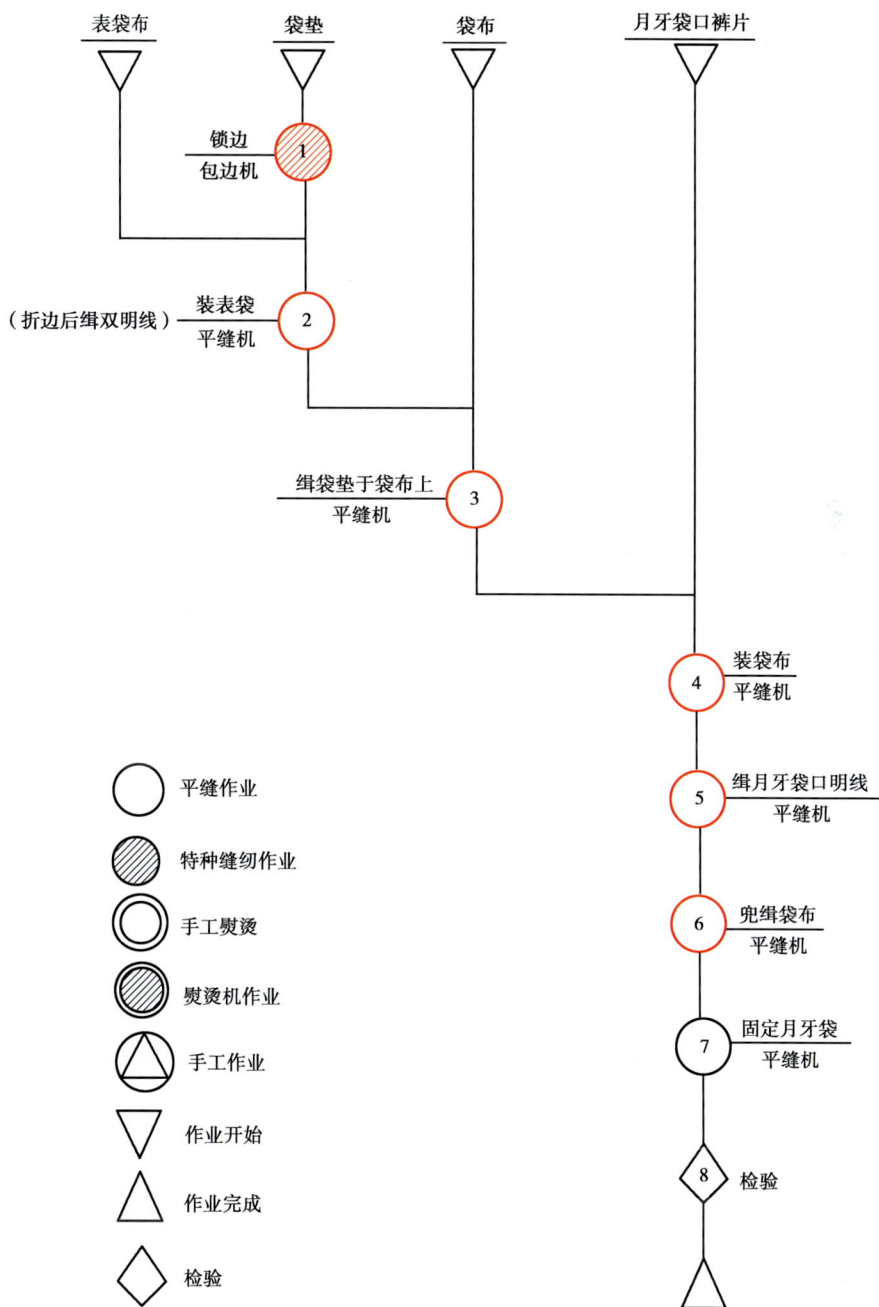

表袋布　　　　袋垫　　　　袋布　　　　月牙袋口裤片

锁边　　①　特种缝纫作业
包边机

（折边后缉双明线）　装表袋　②
平缝机

缉袋垫于袋布上　③
平缝机

装袋布　④
平缝机

缉月牙袋口明线　⑤
平缝机

兜缉袋布　⑥
平缝机

固定月牙袋　⑦
平缝机

⑧　检验

○　平缝作业
◉　特种缝纫作业
◎　手工熨烫
◉　熨烫机作业
△　手工作业
▽　作业开始
△　作业完成
◇　检验

任务评价表

评价项目	分类	质量要求	分值/分	评分标准	得分/分
职业规范与素养	态度	准备充分,遵守纪律,卫生清洁	2	准备不充分,纪律乱,工作环境不整齐,卫生不清洁	
	安全	安全用电,安全使用工具,严格规程操作	3	不按照规程安全用电	
	职业操守	正确操作机器设备,符合"5S"管理要求	5	机器设备操作不规范,不符合"5S"管理要求	
成品	外观	外形美观,各部位平服,无丝缕、正反错误(从该项总分扣,扣完为止)	10	明显不平服	
			5	正反一致,各部位丝缕正确,每错一处扣2分	
		成品整烫平服整洁,内外无线头(从该项总分扣,扣完为止)	5	有明显水花、沾污、极光,每处扣1分	
				正反面有线头,每处扣1分	
	规格	符合成品规格,不允许超出公差	4	袋口公差 ±0.2 cm	
			4	袋口封结高低互差公差 ±0.2 cm	
			2	袋布长、宽大小公差 ±0.5 cm	
	缝制	袋口平服,缉线顺直,左右两袋对称	6	嵌条不平服、不顺直,宽窄不一致	
			4	袋垫不平服,规格不符合要求	
			8	腰口不平齐,高低不一致	
			6	袋口封结不牢固,位置不正确	
			8	左右两袋不对称,规格不一致	
		袋布平服,袋底缉线牢固	4	袋布不平服	
			4	袋布缉线不牢固,不符合要求	
		各部位线路顺直、整齐,松紧适宜	6	各部位没有漏缉线,每漏缉一道扣2分	
			6	缉线明显弯曲或不整齐	
			4	底面线不适宜	
		针距密度符合国际标准	4	明线针距不符合规定	
时间		在规定的时间内完成		每超过 10 min,扣5分	

5. 制作工艺卡

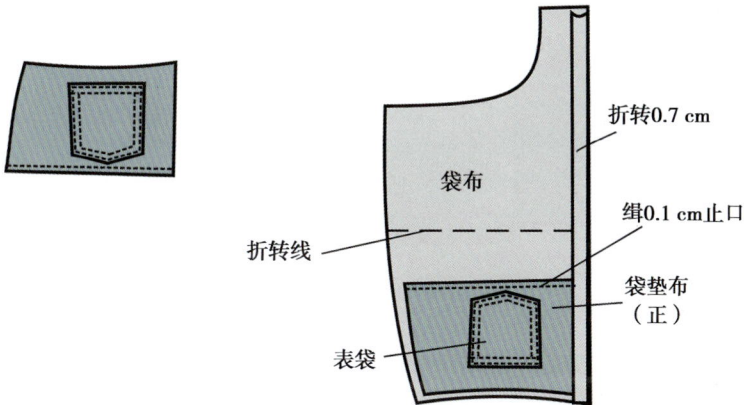

工序编号 ① ② ③

产品名称：任务二　月牙袋的制作

工序名称：袋垫布锁边

工艺装备：包边机

操作要领及工艺要求：

　　1.包边机锁袋垫下口弧线边，如果直边可以扣烫一道绗0.1 cm止口。

　　2.将表袋折边后绗明线，要求折边止口均匀顺直，绗线与袋口平行。按袋位绗双明线装表袋，袋口两边必须绗来回针。

　　3.绗袋垫于袋布上。袋布与袋垫上口对齐，袋垫外侧边与袋布对齐，沿袋垫下口绗线。

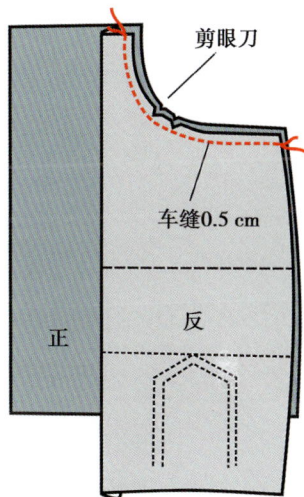

工序编号 ④

产品名称：任务二　月牙袋的制作

工序名称：装袋布

工艺装备：平缝机、熨斗、烫布

操作要领及工艺要求：

　　袋布与月牙袋袋口正面相对，复合在一起按袋口形状绗线一道。

工序编号 ⑤

产品名称： **任务二　月牙袋的制作**

工序名称： **缂月牙袋口明线**

工艺装备： **平缝机**

操作要领及工艺要求：

　　沿袋口位缂双明线，要求止口翻进，不能出现袋布倒吐、缂线不圆顺、起皱现象。

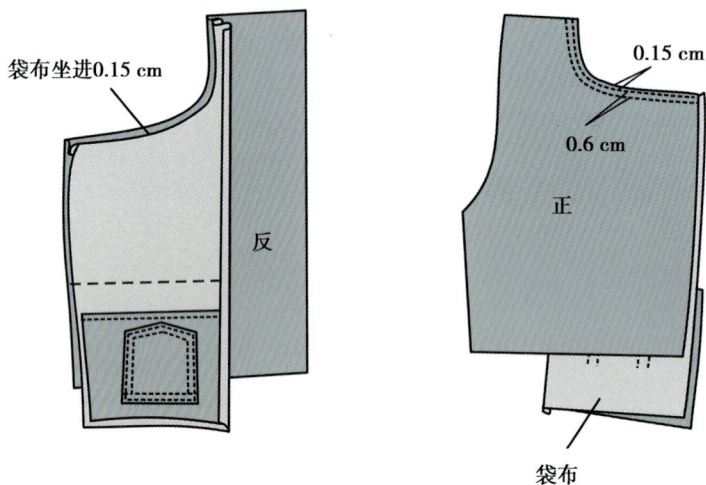

袋布坐进0.15 cm

0.15 cm

0.6 cm

反

正

袋布

工序编号 ⑥

产品名称： **任务二　月牙袋的制作**

工序名称： **兜缂袋布**

工艺装备： **平缝机**

操作要领及工艺要求：

　　袋布折上，与上袋布、袋口对齐，里侧及下边缂线0.2 cm合袋布。

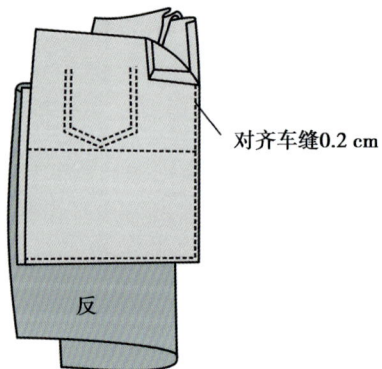

对齐车缝0.2 cm

反

任务拓展

以小组合作的形式,观察分析下列两款案例,讨论其制作方法,绘图设计工艺流程图并完成产品的制作。

款式1:

款式2:

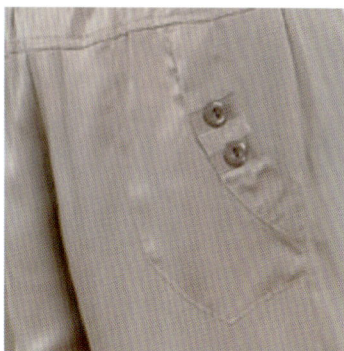

》》》》》项目四

装拉链的工艺制作

现代服装制作工艺中,很多服装上都用拉链来代替纽扣,既穿脱方便,又增加了美感。主要分为平口拉链(明)和隐形拉链(暗)。本项目主要学习男西裤和牛仔裤两种平口拉链的制作流程及操作方法。

任务一　男西裤装拉链的制作

任务目标

①了解男西裤装拉链的外形特点,掌握面料性能、丝缕与安装拉链的关系。
②掌握装拉链整体工艺流程和操作方法及缝制技巧并能根据要求熟练制作。
③能够进行各种常见拉链的安装制作并能合理设计其工艺流程。

任务内容

1. 产品效果

前门深 20 cm,根据拉链长度和设计需要确定。

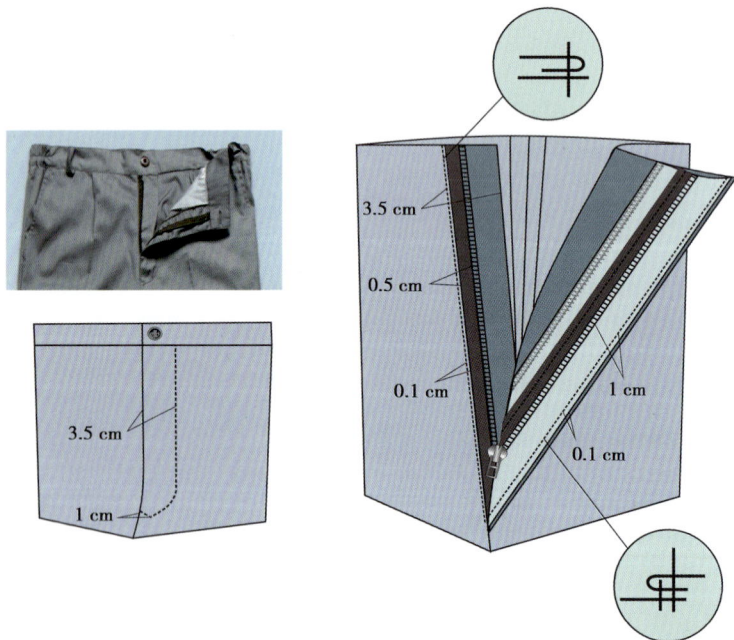

2. 工艺要求

门襟面 1 片,里襟面、里各 1 片,门襟、里襟无纺衬各 1 片,拉链 1 根,左右模拟裤片各 1 片。

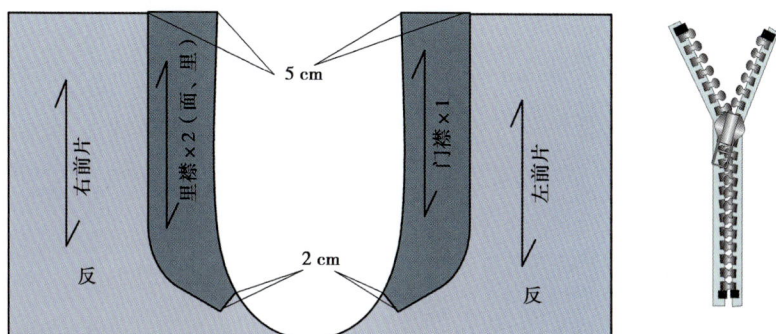

图上标注：5 cm，2 cm，右前片，里襟×2（面，里），门襟×1，左前片，反，反

3. 制作时间

30 min。

4. 工艺流程图

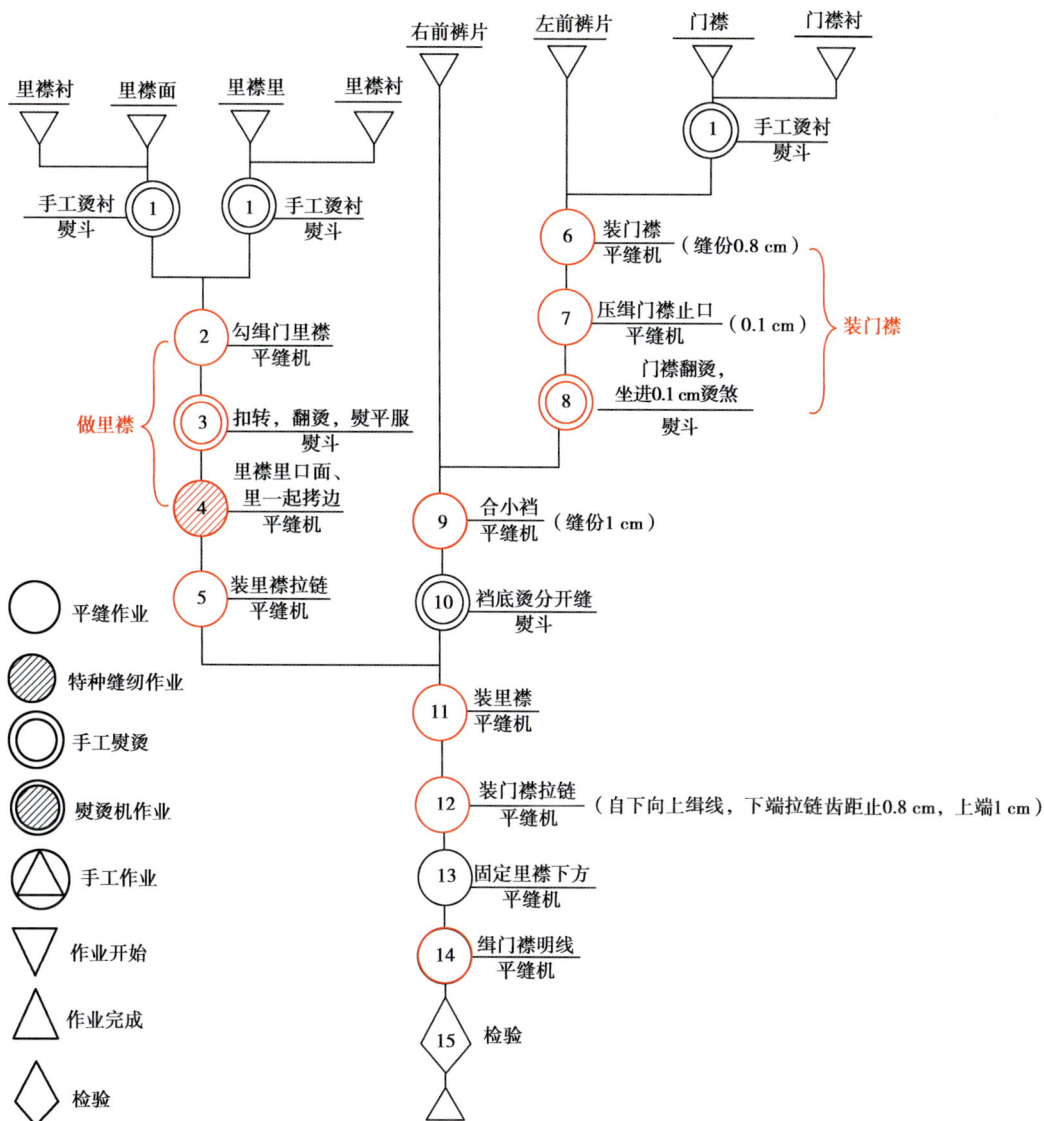

工艺流程图标注：

右前裤片　左前裤片　门襟　门襟衬

里襟衬　里襟面　里襟里　里襟衬

1　手工烫衬　熨斗（门襟）

① 手工烫衬 熨斗　① 手工烫衬 熨斗（里襟面、里襟里）

6　装门襟　平缝机（缝份0.8 cm）

7　压缉门襟止口　平缝机（0.1 cm）

8　门襟翻烫，坐进0.1 cm烫煞　熨斗

装门襟

2　勾缉门里襟　平缝机

3　扣转，翻烫，熨平服　熨斗

4　里襟里口面、里一起拷边　平缝机

做里襟

5　装里襟拉链　平缝机

9　合小裆　平缝机（缝份1 cm）

10　裆底烫分开缝　熨斗

11　装里襟　平缝机

12　装门襟拉链　平缝机（自下向上缉线，下端拉链齿距止0.8 cm，上端1 cm）

13　固定里襟下方　平缝机

14　缉门襟明线　平缝机

15　检验

图例：

○ 平缝作业

◍ 特种缝纫作业

◎ 手工熨烫

◉ 熨烫机作业

△（圈） 手工作业

▽ 作业开始

△ 作业完成

◇ 检验

任务评价表

评价项目	分类	质量要求	分值/分	评分标准	得分/分
职业规范与素养	态度	准备充分,遵守纪律,卫生清洁	2	准备不充分,纪律乱,工作环境不整齐,卫生不清洁	
	安全	安全用电,安全使用工具,严格规程操作	3	不按照规程安全用电	
	职业操守	正确操作机器设备,符合"5S"管理要求	5	机器设备操作不规范,不符合"5S"管理要求	
成品	外观	外形美观,各部位平服,无丝绺、正反错误(从该项总分扣,扣完为止)	10	明显不平服	
			5	正反一致,丝绺正确,每错一处扣2分	
		成品整烫平服整洁,内外无线头(从该项总分扣,扣完为止)	5	有明显水花、沾污、极光,每处扣2分	
			5	正反面有线头,每处扣1分	
	规格	符合成品规格,不允许超出公差	5	门里襟宽窄公差 +0.2 cm,长短与拉链不适合	
			5	各部位线迹符合成品质量要求	
	缝制	门里襟长短一致,腰口平齐,封口处平服、不起吊;拉链不外露,门襟盖过里襟缉线 0.1~0.3 cm	6	裤片左右不平服,门襟处丝绺歪斜,不平服	
			6	门里襟长短不一致,腰口不平齐,左右高低互差 ±0.3 cm	
			6	门襟没有盖过缉线,拉链外露	
			6	装拉链齿牙不平服,有涟形	
			6	封结处不牢固,位置不正确	
			6	封结处不平服,有起吊打褶现象	
			5	小裆处不平服,有夹裆、打褶现象	
			5	里襟反面没有固定	
		各部位线路顺直、整齐,松紧适宜	4	各部位有漏缉线	
			4	缉线明显弯曲或不整齐	
			3	底面线不适宜	
		针距密度符合国际标准	3	明线针距不符合规定	
时间		在规定的时间内完成		每超过 10 min,扣5分	

5.制作工艺卡

工序编号 ② ③ ④

产品名称：任务一　男西裤装拉链

工序名称：做里襟

工艺装备：平缝机、烫台、熨斗

操作要领及工艺要求：

　　1.勾绲门襟：里襟面与里襟里正面相叠，外口绲线0.6 cm一道。

　　2.扣转、翻烫、熨平服：将里襟外口的止口毛缝扣转、烫平，翻出，夹里做进0.2 cm，盖水布喷水烫平，也可在外口绲0.1~0.2 cm。

0.6 cm　反

里襟里　　里面一起拷边

里襟面（正）　　0.15 cm

工序编号 ⑤

产品名称：任务一　男西裤装拉链

工序名称：装里襟拉链

工艺装备：平缝机、烫台、熨斗

操作要领及工艺要求：

　　右面拉链的反面与里襟正面相叠，平齐拷边里口，离开拉链布边0.3 cm绲线，将拉链固定在里襟上。若拉链装至里襟下口弯度部位时，要稍微带紧，使齿牙平服。

里襟面

0.3 cm

工序编号 ⑥ ⑦ ⑧

产品名称：任务一　男西裤装拉链

工序名称：装门襟

工艺装备：平缝机、烫台、熨斗

操作要领及工艺要求：

　　1.门襟贴边与左前裤片正面相叠，缉线0.6~0.7 cm。

　　2.压缉门襟止口：缝头向门襟贴边方向坐倒，压缉0.1 cm止口。

　　3.门襟翻烫。门襟贴边翻进，上口坐进0.2 cm，喷水烫平。

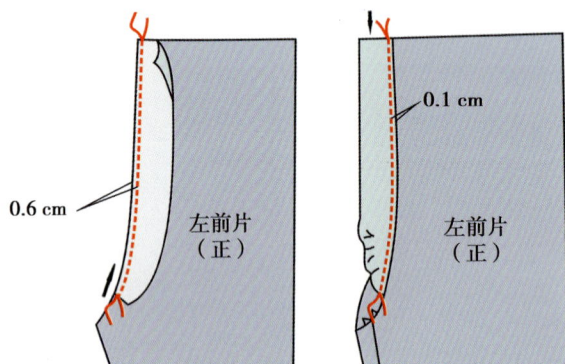

工序编号 ⑨

产品名称：任务一　男西裤装拉链

工序名称：合小裆

工艺装备：平缝机

操作要领及工艺要求：

　　将左右两前片正面相对，裆缝对齐，从小裆封口位置（拉链下端铁封口以下0.5 cm，离装门襟线0.1~0.2 cm）向后缝方向缉线0.8 cm，后缝缝份根据要求缉线。

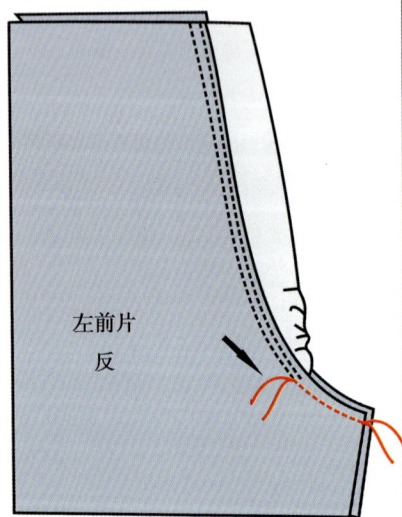

工序编号 ⑪

产品名称：任务一 男西裤装拉链

工艺名称：装里襟

工艺装备：平缝机

操作要领及工艺要求：

右裤片里襟处的毛缝折转0.5 cm烫平（毛缝少折转0.3 cm，若面料有弹性，里襟止口处可烫无纺衬），盖过装里襟拉链的缉线，从腰口向下缉0.1 cm清止口，缉至小裆封口以下1 cm。

注意：门襟下方缝头少折转0.2 cm。

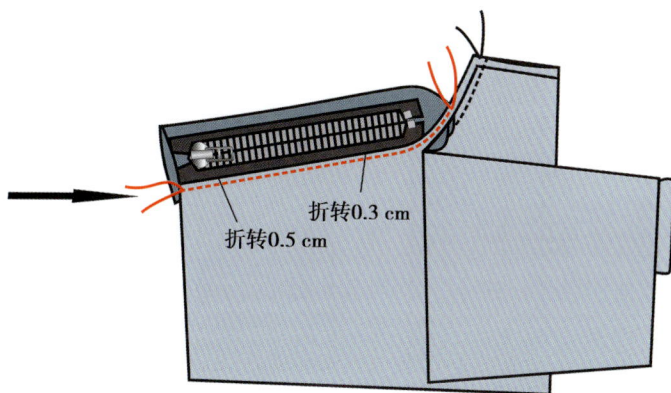

折转0.3 cm

折转0.5 cm

工序编号 ⑫

产品名称：任务一 男西裤装拉链

工序名称：装门襟拉链

工艺装备：平缝机

操作要领及工艺要求：

拉链拉合，门襟止口盖过里襟处的缉线，上口0.3 cm，下口0.1 cm，手缝固定。或者翻到反面，将拉链在门襟贴边的进出高低位置做好标记。按拉链在门襟的正面位置缉线1~2道，把拉链固定到门襟贴边上。

注意：门里襟的长短要一致或门襟略长0.15 cm。

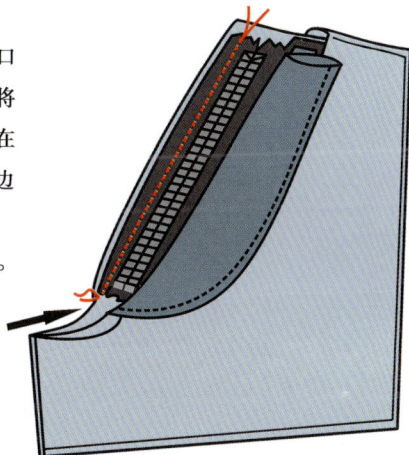

工序编号 ⑭

产品名称：任务一　男西裤装拉链

工序名称：缉门襟明线、封小裆

工艺装备：平缝机

操作要领及工艺要求：

　　1.缉门襟明线：沿裤片门襟止口将门襟贴边翻进，里襟拉开，从离开小裆封口止口1 cm位置开始，按门襟造型向上缉至腰口。

　　2.封小裆：里襟放平，门襟略盖过里襟里口直线，校准门、里襟长度，高低一致或门襟比里襟略长0.15 cm，在小裆封口位置用来回针缉线4~5道封牢，或用打结机封牢固。

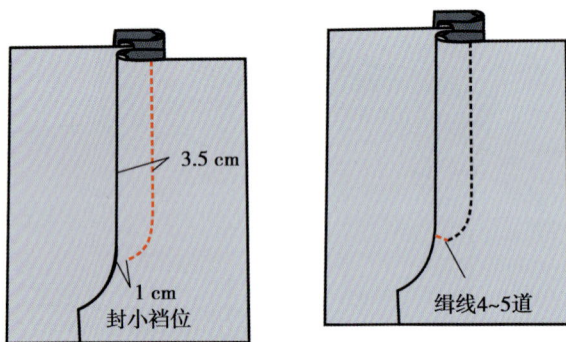

3.5 cm

1 cm
封小裆位

缉线4~5道

任务拓展

　　以小组合作的形式,观察分析下列案例,讨论制作方法,设计工艺流程并完成产品的制作。

1.裁片准备

模拟前后裤片各2片,里襟1片,门襟1片,平口拉链1条。

图中标注：右前片　反　里襟　里襟×1　门襟×1　门襟×1　左前片　反　3 cm　4 cm

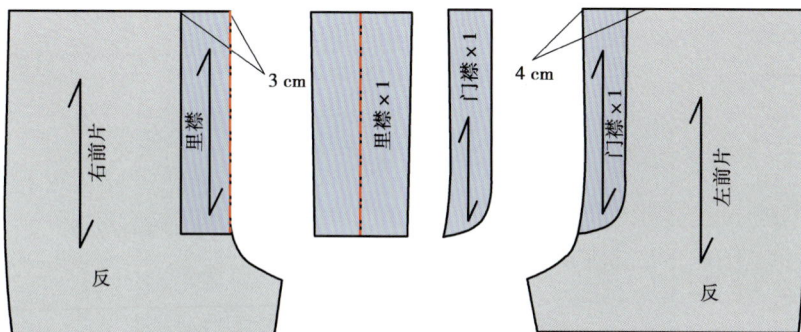

2. 工艺流程提示

缝合门襟与左裤片—固定门襟拉链—缝合裆缝—装里襟—缉门襟明线、封结。

3. 质量要求

①外形美观，内外无线头。

②拉链不外露，齿牙平服无涟形。

③明缉线顺直，封口平服。

任务二　牛仔裤装拉链的制作

任务目标

①了解牛仔裤装拉链的结构及外形特点，掌握面料性能、丝缕与安装拉链的关系。

②掌握装拉链整体工艺流程和操作方法及缝制技巧并能根据要求熟练制作。

任务内容

1. 产品效果

门襟止口缉双明线，0.2 cm 和 0.5～0.6 cm。

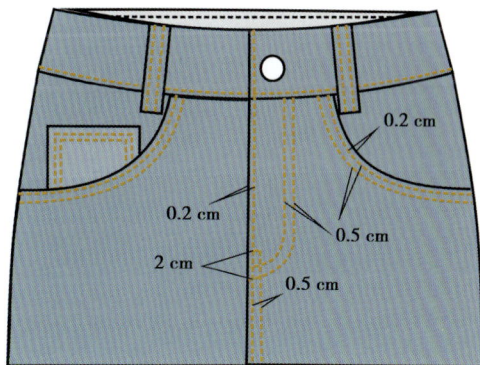

图中标注：0.2 cm　0.2 cm　0.5 cm　2 cm　0.5 cm

2. 工艺要求

门襟、里襟各 1 片,拉链 1 根,左右模拟裤片各 1 片。

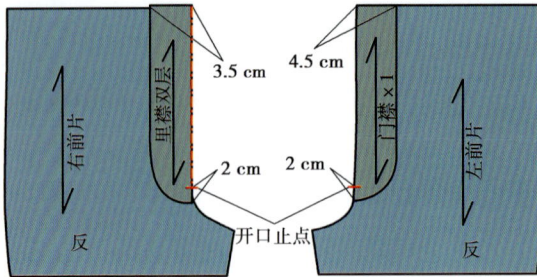

3. 制作时间

30 min。

4. 工艺流程图

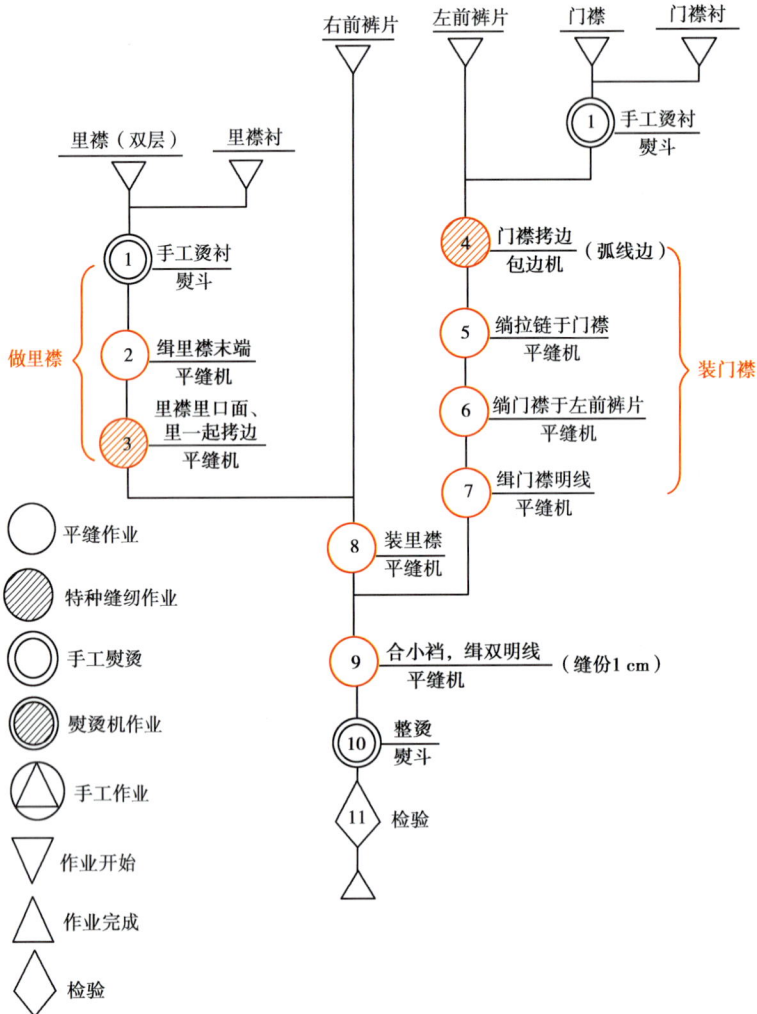

任务评价表

评价项目	分类	质量要求	分值/分	评分标准	得分/分
职业规范与素养	态度	准备充分,遵守纪律,卫生清洁	2	准备不充分,纪律乱,工作环境不整齐,卫生不清洁	
	安全	安全用电,安全使用工具,严格规程操作	3	不按照规程安全用电	
	职业操守	正确操作机器设备,符合"5S"管理要求	5	机器设备操作不规范,不符合"5S"管理要求	
成品	外观	外形美观,各部位平服,无丝绺、正反错误(从该项总分扣,扣完为止)	10	明显不平服	
			5	正反一致,丝绺正确,每错一处扣2分	
		成品整烫平服整洁,内外无线头(从该项总分扣,扣完为止)	5	有明显水花、沾污、极光,每处扣1分	
				正反面有线头,每处扣1分	
	规格	符合成品规格,不允许超出公差	5	门里襟宽窄公差+0.2 cm,长短与拉链不适合	
			5	各部位线迹符合成品质量要求	
	缝制	门里襟长短一致,腰口平齐,封口处平服、不起吊;拉链不外露,门襟盖过里襟缉线0.1~0.3 cm	6	裤片左右不平服,门襟处丝绺歪斜,不平服	
			6	门里襟长短不一致,腰口不平齐,左右高低互差±0.3 cm	
			6	门襟没有盖过缉线,拉链外露	
			6	装拉链齿牙不平服,有涟形	
			6	封结处不牢固,位置不正确	
			6	封结处不平服,有起吊打褶现象	
			5	小裆处不平服,有夹裆、打褶现象	
			5	里襟反面没有固定	
		缉线顺直、整齐,松紧适宜	4	各部位有漏缉线	
			4	缉线明显弯曲或不整齐	
			3	底面线不适宜	
		针距密度符合国际标准	3	明线针距不符合规定	
时间		在规定的时间内完成		每超过10 min,扣5分	

5. 制作工艺卡

工序编号　②　③

产品名称：**任务二　牛仔裤装拉链**

工序名称：**缉里襟末端、里襟拷边**

工艺装备：**平缝机、烫台、熨斗、包边机**

操作要领及工艺要求：

　　②　缉里襟末端：门里襟黏衬，将里襟按正面对正面对折，从止口边向折边斜线缉缝，然后翻出里襟正面，要求所缉斜线的斜度要适合，里襟末端止口必须翻进。

　　③　里襟从上端锁向下端。

工序编号　④　⑤

产品名称：**任务二　牛仔裤装拉链**

工序名称：**门襟拷边（弧线边）、门襟缉拉链**

工艺装备：**包边机、平缝机**

操作要领及工艺要求：

　　④　门襟拷边：门襟从圆弧边锁到直边，弯势处要圆顺。

　　⑤　门襟缉拉链：将拉链与门襟正面对正面，拉链尾与门襟圆位对齐，门襟直边位留0.8 cm，双线缉门襟锁边位的拉链布。

产品名称：任务二　牛仔裤装拉链

工序名称：左前裤片装门襟

工艺装备：平缝机、烫台、熨斗

操作要领及工艺要求：

　　门襟与左前裤片正面相叠，止口对齐缉线0.6~0.7 cm，并在左前裤片前裆位缉明线。要求翻门襟时止口必须翻进，前裆位是顺直的。

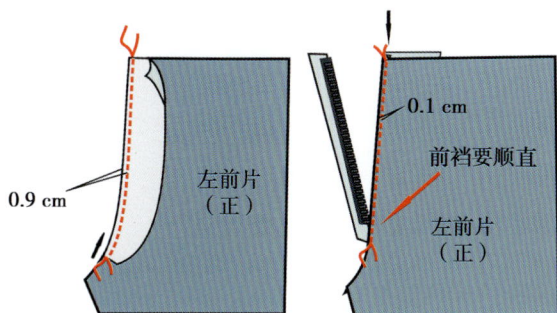

0.9 cm　左前片（正）

0.1 cm　前裆要顺直　左前片（正）

产品名称：任务二　牛仔裤装拉链

工序名称：缉门襟明线

工艺装备：平缝机

操作要领及工艺要求：

　　从上向下缉双线，缉线到拉链下端时，要分开齿牙下部分，缉线只缉住门襟部分的，另一半是要与里襟缉合的。缉线要求均匀、美观，完成后的门襟要平服。

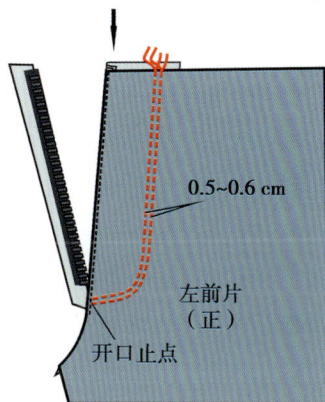

0.5~0.6 cm　左前片（正）

开口止点

工序编号 ⑧

产品名称：**任务二　牛仔裤装拉链**

工序名称：**装里襟**

工艺装备：**平缝机、烫台、熨斗**

操作要领及工艺要求：

　　将拉链布处于里襟和右前裆中间，右前裆向里扣折0.9 cm，在下开口止点剪眼刀，缉线0.15 cm，固定拉链和右前裤片。

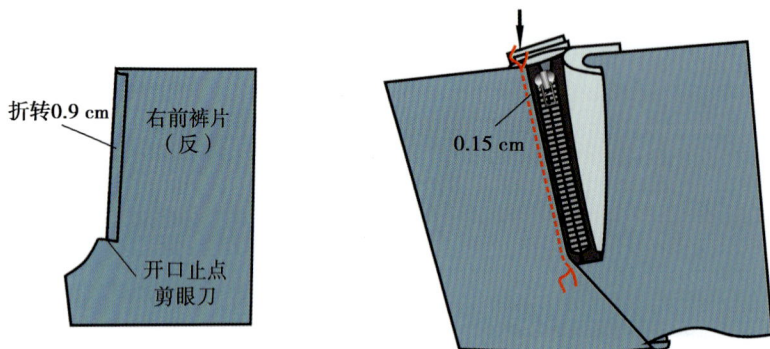

折转0.9 cm

右前裤片（反）

0.15 cm

开口止点剪眼刀

工序编号 ⑨

产品名称：**任务二　牛仔裤装拉链**

工序名称：**合小裆、缉双明线**

工艺装备：**平缝机**

操作要领及工艺要求：

　　将左右前片正面相叠小裆止口处对齐缉线，缝份1 cm，正面缝份倒向右裤片，缉双明线。

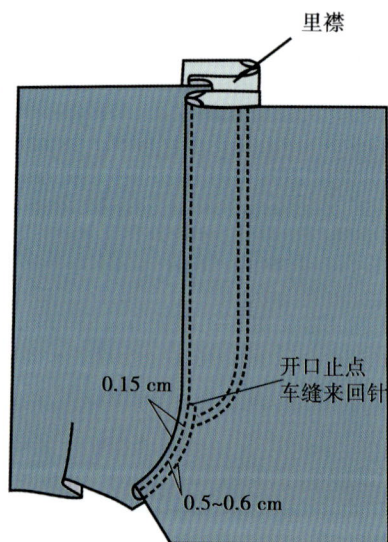

里襟

0.15 cm

开口止点车缝来回针

0.5~0.6 cm

任务拓展

以小组合作的形式,观察分析下列案例,讨论其制作方法,设计工艺流程并完成产品的制作。

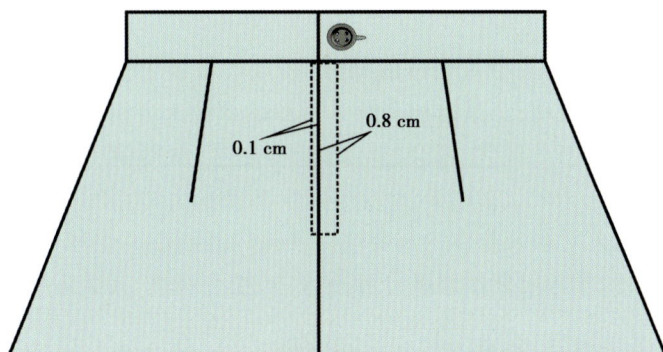

1. 裁片准备

模拟裙片 2 片,里襟连口(双层)1 片,平口拉链 1 条。

2. 质量要求

①外形美观,内外无线头。

②拉链不外露,齿牙平服无涟形。

③明缉线顺直,封口平服。

3. 工艺流程图

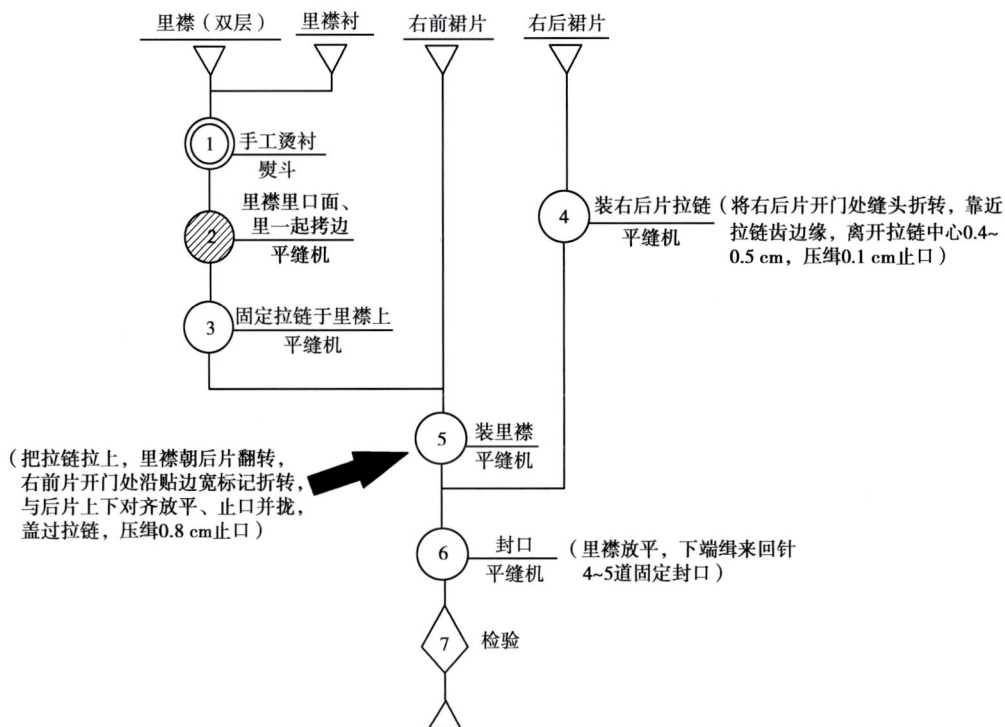

>>>>>>> 项目五
袖开衩的工艺制作

开衩是服装工艺制作的一个重要组成部分,在现代服装中被广泛应用。服装的开衩不外乎两个功能:一是便于活动;二是增加美感。开衩的部位十分讲究做工,工艺欠缺的开衩,无论面料如何昂贵,图案怎么现代,都会给人以低劣之感,从而使所有在款式上花的心思付诸东流。

由此可见,开衩工艺对服装整体的重要性。开衩的缝制讲究柔和平服,既要考虑结构变化,又要考虑工艺技巧,学习时要注意区分缝制方法,细心观察、灵活运用。

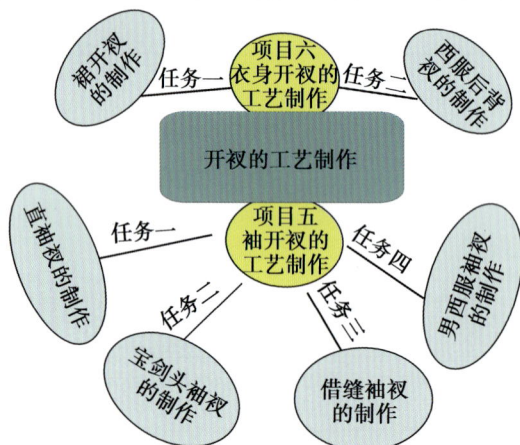

任务一　直袖衩的制作

任务目标

①了解衬衫中直袖衩的外形特点,掌握面料性能、丝缕与衣片结构的关系。
②掌握直袖衩的整体工艺流程和操作方法,并能根据要求熟练制作。
③能够进行直袖衩的款式设计制作并能合理设计其工艺流程。

任务内容

1.产品效果
模拟袖片 1 片,袖衩条 1 片。

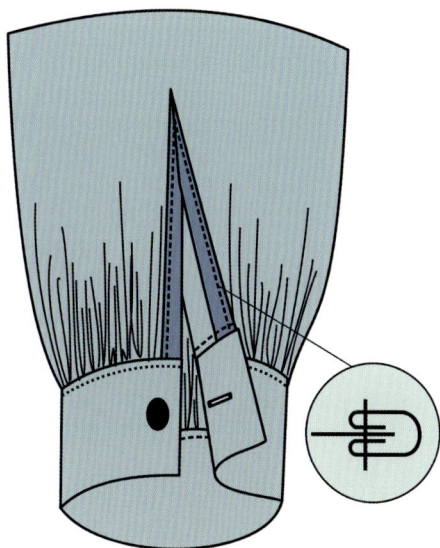

2. 工艺要求

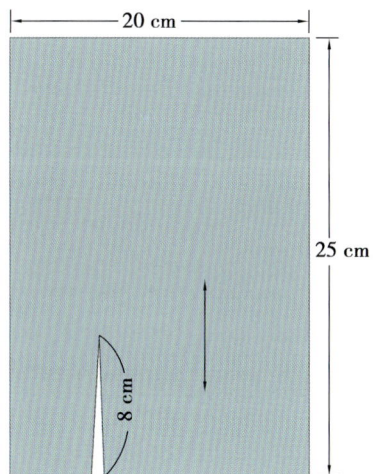

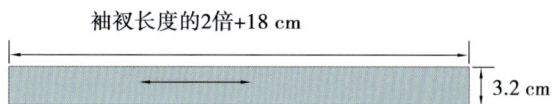

袖衩长度的2倍+18 cm

3.2 cm

3. 制作时间

10 min。

4. 工艺流程图

方法 1: 压缉法

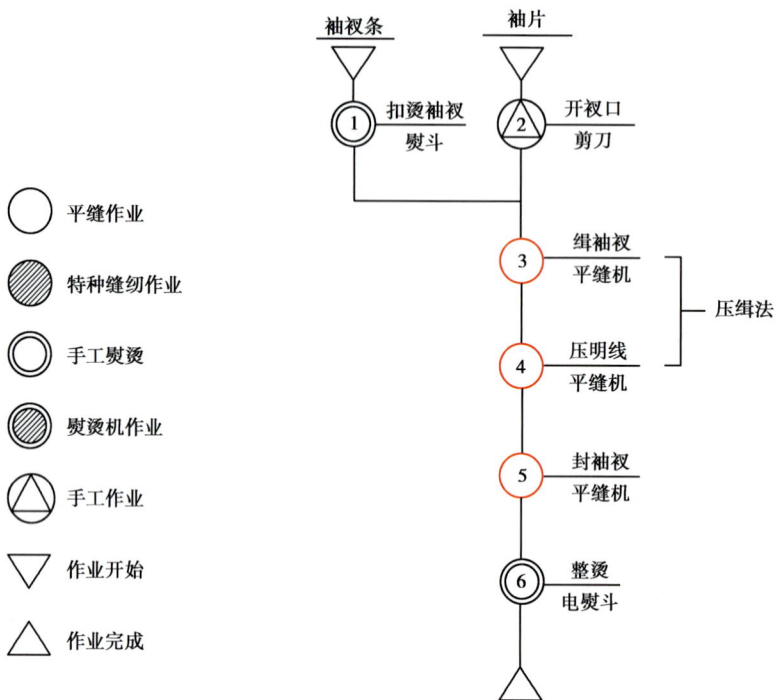

方法 2: 夹缉法

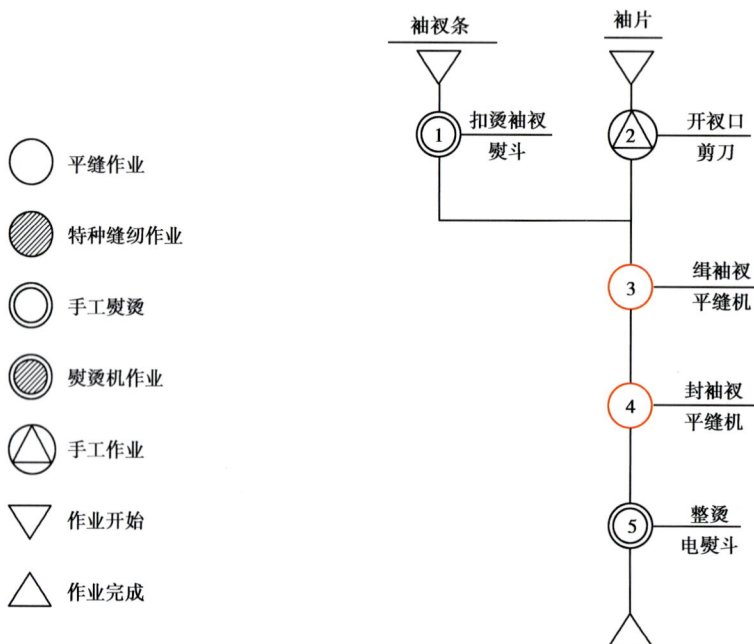

任务评价表

评价项目	分类	质量要求	分值/分	评分标准	得分/分
职业规范与素养	态度	准备充分,遵守纪律,卫生清洁	2	准备充分,纪律差,工作环境不整齐,卫生不清洁	
	安全	安全用电,安全使用工具,严格规程操作	3	不按照规程安全用电	
	职业操守	正确操作机器设备,符合"5S"管理要求	5	机器设备操作不规范,不符合"5S"管理要求	
女衬衫直袖衩缝制	外观评价	外形美观,各部位平服	15	明显不平服,门里襟起涟	
		无丝缕、正反错误	10	面料正反错误,丝缕不正确(每处扣1分,扣完为止)	
		成品整烫平服整洁,无水花,无极光,无烫黄,无烫焦	10	有明显水花、沾污、极光(每处扣1分,扣完为止)注:烫黄、烫焦整个作品为0分	
		内外无线头,无毛漏,无破损	10	有线头每处扣1分,扣完为止注:毛漏、破损整个作品为0分	
	规格评价	符合成品规格,门里襟长短一致,不允许超出公差	15	门里襟长短不一致,超出公差0.2 cm	
		缉线顺直,门里襟宽窄一致	15	缉线明显不顺直(距止口0.2 cm),门里襟宽窄明显不一致	
		针距均匀,无断线、跳线	15	针距不均匀,有断线、跳线	
时间		在规定时间内完成		每超过10 min,扣5分	

5. 制作工艺卡

方法 1：压缉法

工序编号 ③

产品名称：任务一 直袖衩

工序名称：缉袖衩

工艺装备：平缝机、烫台、熨斗

操作要领及工艺要求：

    没有扣烫的袖衩一边正面与袖子衩口反面相叠，放齐，缉线0.6 cm，开衩转弯处袖子缝头0.3 cm。在转弯处不可打裥或毛出。

袖片开衩部位

开袖口

袖片（反）

工序编号 ④

产品名称：任务一 直袖衩

工序名称：压明线

工艺装备：平缝机、烫台、熨斗

操作要领及工艺要求：

    袖衩翻转，在袖子正面将扣光毛缝一边的袖衩盖过第一道缉线，正面缉袖衩止口0.1 cm。注意不能缉住反面袖衩，袖衩不能起涟。

袖片（正）

产品名称：任务一 直袖衩

工序名称：封袖衩

工艺装备：平缝机、烫台、熨斗

操作要领及工艺要求：

　　袖子沿袖口正面对折，袖口平齐，袖衩摆平，袖衩转弯处向袖衩外口斜下1 cm，缉来回针3道。

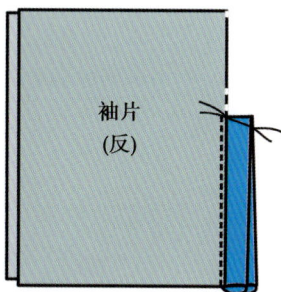

方法2：夹缉法

产品名称：任务一 直袖衩

工序名称：缉袖衩

工艺装备：平缝机、烫台、熨斗

操作要领及工艺要求：

　　1.将袖衩两边缝头都扣转0.6 cm，然后对折，衩里比衩面略放出0.1 cm。

　　2.将袖子衩口夹进袖衩，正面压缉0.1 cm止口。

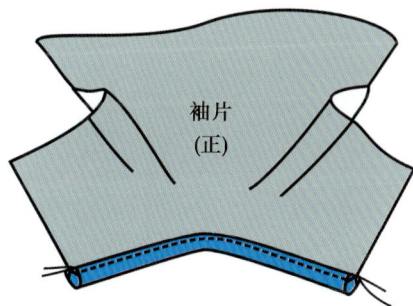

任务二 宝剑头袖衩的制作

任务目标

①了解衬衫中宝剑头袖衩的外形特点,掌握面料性能、丝绺与衣片结构的关系。

②掌握宝剑头袖衩的整体工艺流程和操作方法,并能根据要求熟练制作。

③能够进行宝剑头袖衩的款式设计制作并能合理设计其工艺流程。

④培养学生的质量意识和协作能力。

任务实施

1.产品效果

衩长 12 cm,里襟袖衩净宽 1.1 cm,门襟净宽 2.3 cm,明线宽 0.1 cm。

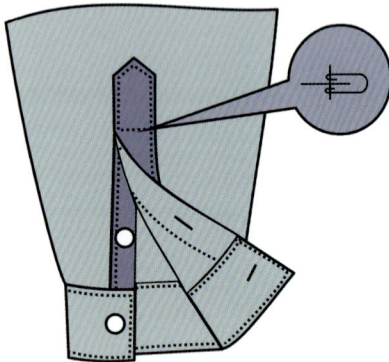

2.材料准备

模拟袖片规格:长25 cm
宽20 cm

12 cm

3.5 cm 1 cm 2 cm
2 cm

0.8 cm

4 cm

16 cm

4.6 cm

袖衩门襟

12 cm

2.2 cm

袖衩里襟

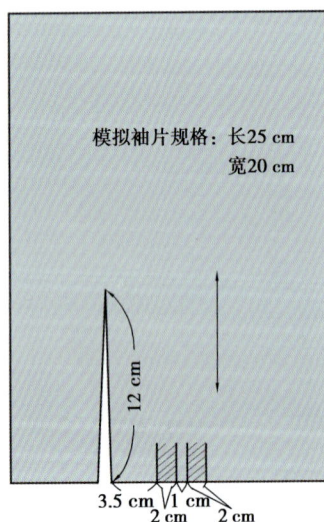

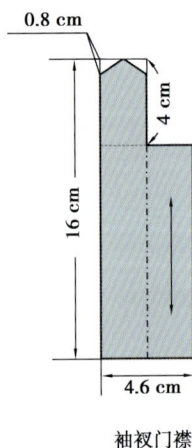

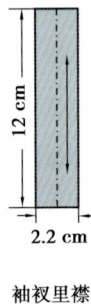

注:袖衩门、里襟放缝要求是四周各放 0.8 cm。

3. 制作时间

20 min。

4. 工艺流程图

方法 1:压缉法

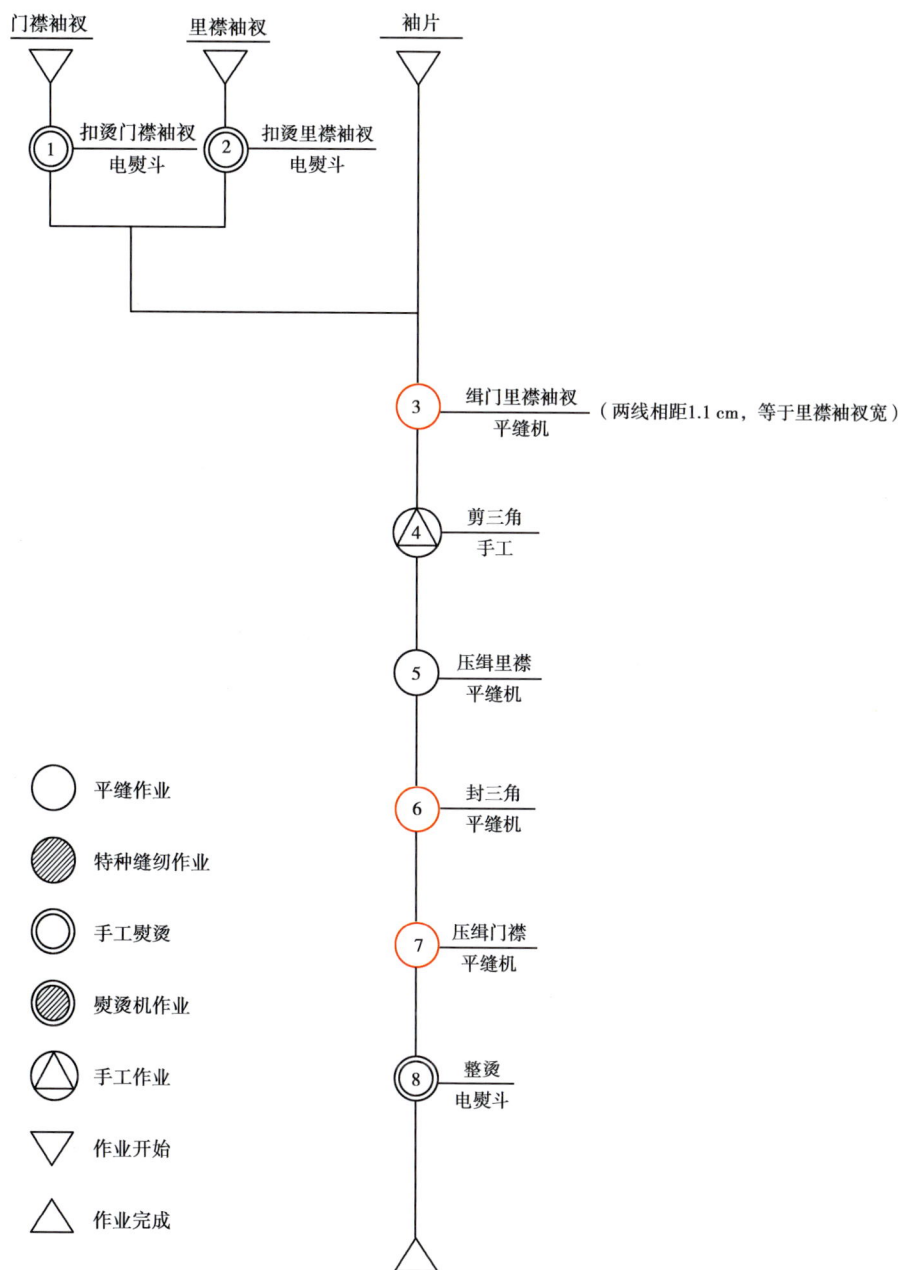

方法 2:夹绲法

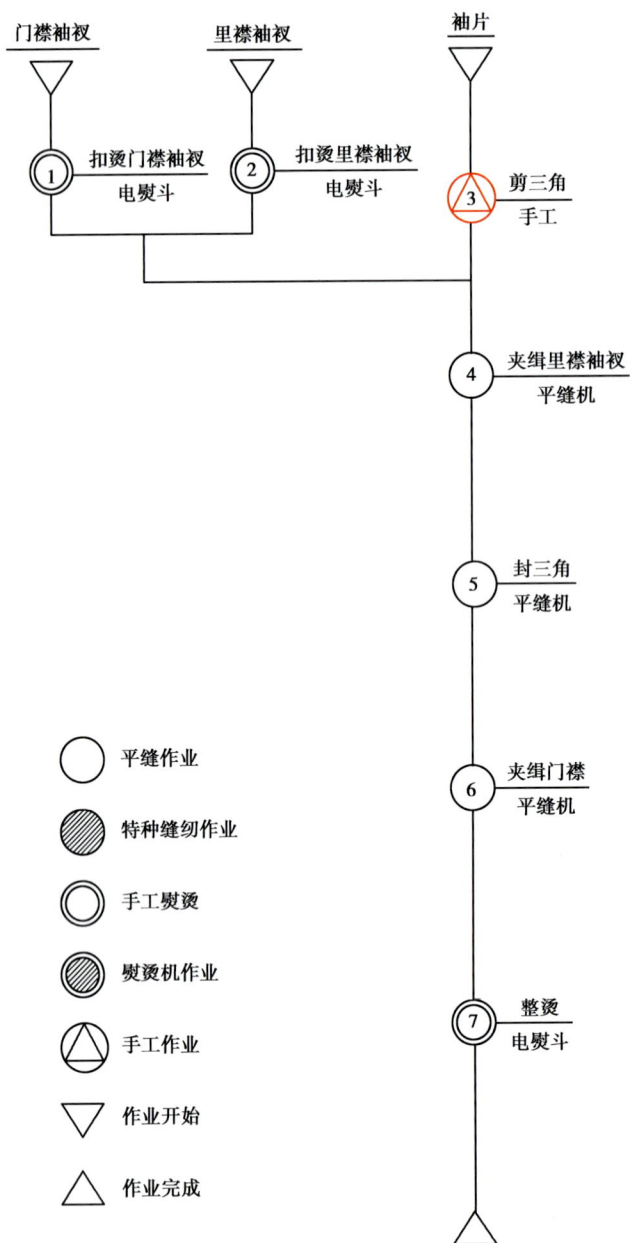

任务评价表

评价项目	分类	质量要求	分值/分	评分标准	得分/分
职业规范与素养	态度	准备充分,遵守纪律,卫生清洁	2	准备充分,纪律差,工作环境不整齐,卫生不清洁	
	安全	安全用电,安全使用工具,严格规程操作	3	不按照规程安全用电	
	职业操守	正确操作机器设备,符合"5S"管理要求	5	机器设备操作不规范,不符合"5S"管理要求	
宝剑头袖衩缝制	外观评价	外形美观,门襟剑头对称	15	门襟剑头不对称,尖角不尖	
		各部位平服,门里襟不豁开,不起涟	15	明显不平服,门里襟起涟,豁开太大	
		无丝绺、正反错误	10	面料正反错误,丝绺不正确(每处扣1分,扣完为止)	
		成品整烫平服整洁,无水花,无极光,无烫黄,无烫焦	10	有明显水花、沾污、极光(每处扣1分,扣完为止)注:烫黄、烫焦整个作品为0分	
		内外无线头,无毛漏,无破损	10	有线头每处扣1分,扣完为止 注:毛漏、破损整个作品为0分	
	规格评价	符合成品规格,门里襟长短一致,不允许超出公差	10	门里襟长短不一致,超出公差0.2 cm	
		缉线顺直,门里襟宽窄符合规格要求	10	缉线明显不顺直(距止口0.1 cm),门里襟宽窄超出公差0.2 cm	
		针距均匀,无断线、跳线	10	针距不均匀,有断线、跳线	
时间		在规定时间内完成		每超过10 min,扣5分	

5. 制作工艺卡

工序编号 ③

产品名称：任务二 宝剑头袖衩

工序名称：缉门里襟袖衩

工艺装备：平缝机、烫台、熨斗

操作要领及工艺要求：

门里襟袖衩缉上袖片开衩处，两线相距1.1 cm（即一个里襟袖衩宽）。

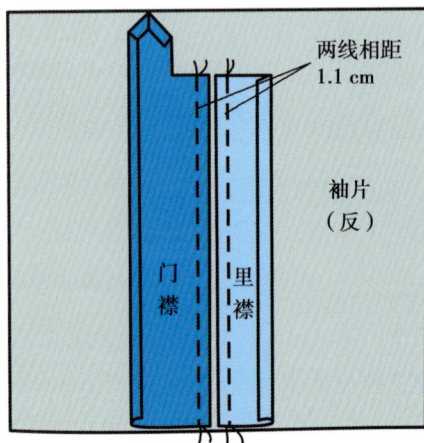

工序编号 ⑥

产品名称：任务二 直袖衩

工序名称：封三角

工艺装备：平缝机、烫台、熨斗

操作要领及工艺要求：

剪三角以下部分的袖片向反面翻折，袖衩里襟与三角放平，封口。

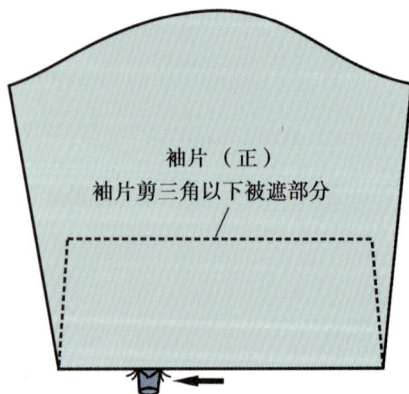

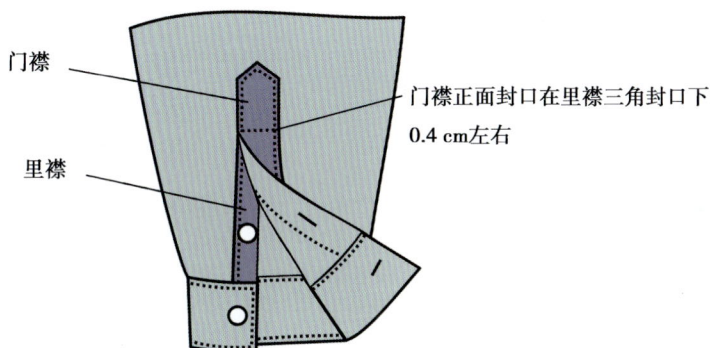

工序编号 ⑦

产品名称：**任务二　宝剑头袖衩**

工序名称：压缉门襟

工艺装备：平缝机、烫台、熨斗

操作要领及工艺要求：

　　门襟袖衩翻到正面，压缉0.1 cm止口，并兜缉宝剑头。门襟正面封口在里襟三角封口下0.4 cm左右，可避免三角封口因受力而毛出。

门襟

里襟

门襟正面封口在里襟三角封口下0.4 cm左右

任务拓展

　　分析下列款式案例，以小组合作的形式讨论制作方法，设计每个款式的工艺流程并完成部件的制作。

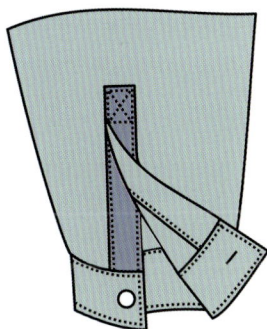

（1）　　　　　　　　　　（2）　　　　　　　　　　（3）

任务三　借缝袖衩的制作

任务目标

①了解借缝袖衩的外形特点,掌握面料性能、丝绺与衣片结构的关系。

②掌握借缝袖衩的整体工艺流程和操作方法,并能根据要求熟练制作。

③能够进行借缝袖衩的款式设计制作并能合理设计其工艺流程。

④培养学生的质量意识和协作能力。

任务内容

1.产品效果

开衩口长 10 cm。

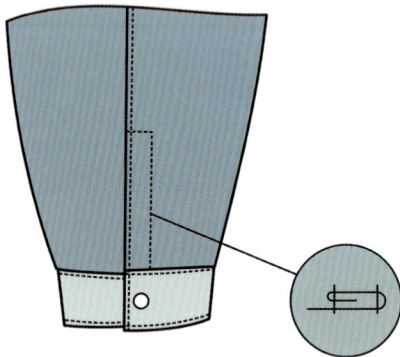

2.工艺要求

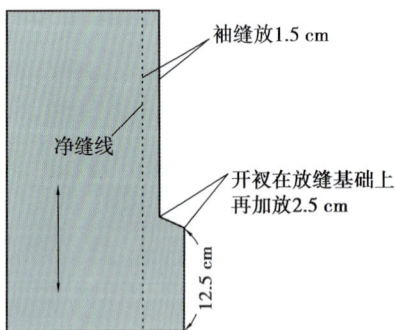

前袖片

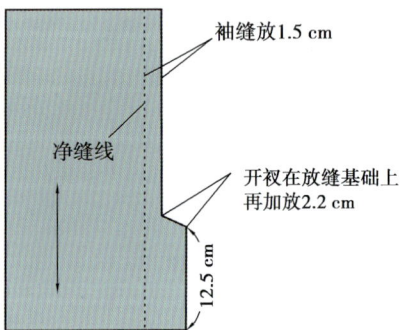

后袖片

3.制作时间

10 min。

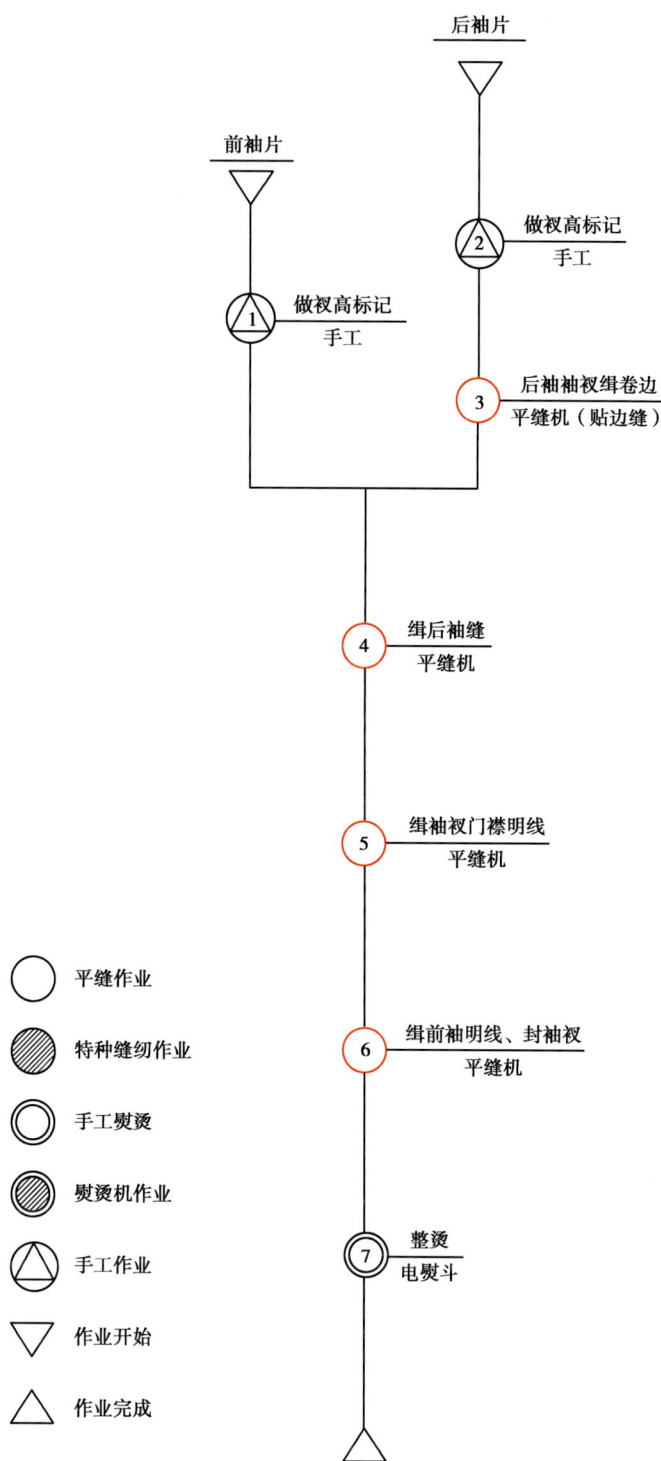

4.工艺流程图

后袖片

▽

②　做衩高标记
　　手工

前袖片

▽

①　做衩高标记
　　手工

③　后袖袖衩缉卷边
　　平缝机（贴边缝）

④　缉后袖缝
　　平缝机

⑤　缉袖衩门襟明线
　　平缝机

○　平缝作业

◐　特种缝纫作业

◎　手工熨烫

◉　熨烫机作业

△　手工作业

▽　作业开始

△　作业完成

⑥　缉前袖明线、封袖衩
　　平缝机

⑦　整烫
　　电熨斗

△

任务评价表

评价项目	分类	质量要求	分值/分	评分标准	得分/分
职业规范与素养	态度	准备充分,遵守纪律,卫生清洁	2	准备充分,纪律差,工作环境不整齐,卫生不清洁	
	安全	安全用电,安全使用工具,严格规程操作	3	不按照规程安全用电	
	职业操守	正确操作机器设备,符合"5S"管理要求	5	机器设备操作不规范,不符合"5S"管理要求	
借缝袖衩缝制	外观评价	外形美观,各部位平服	15	明显不平服,门里襟起涟	
		无丝缕、正反错误	10	面料正反错误,丝缕不正确(每处扣1分,扣完为止)	
		成品整烫平服整洁,无水花,无极光,无烫黄,无烫焦	10	有明显水花、沾污、极光(每处扣1分,扣完为止)注:烫黄、烫焦整个作品为0分	
		内外无线头,无毛漏,无破损	10	有线头每处扣1分,扣完为止注:毛漏、破损整个作品为0分	
	规格评价	符合成品规格,门里襟长短一致,不允许超出公差	15	门里襟长短不一致,超出公差0.2 cm	
		缉线顺直,门里襟宽窄一致	15	缉线明显不顺直(距止口0.2 cm),门里襟宽窄明显不一致	
		针距均匀,无断线、跳线	15	针距不均匀,有断线、跳线	
时间		在规定时间内完成		每超过10 min,扣5分	

5. 制作工艺卡

工序编号 ③

产品名称： **任务三　借缝袖衩**

工序名称：后袖袖衩绲卷边

工艺装备：平缝机、烫台、熨斗

操作要领及工艺要求：

　　将后袖袖衩向反面卷边缝1.4 cm，卷边宽比净样线减小0.1 cm。

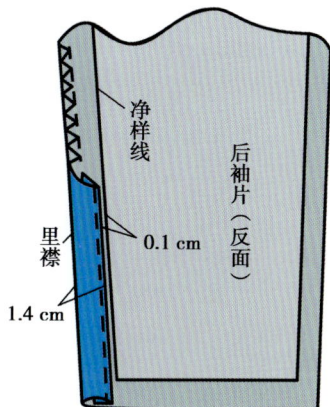

净样线

里襟

0.1 cm

1.4 cm

后袖片（反面）

工序编号 ④

产品名称： **任务三　借缝袖衩**

工序名称：绲后袖缝

工艺装备：平缝机、烫台、熨斗

操作要领及工艺要求：

　　将大小袖片正面相叠，绲线1.5 cm，在袖衩最高处往下2.5 cm绲来回针收针。

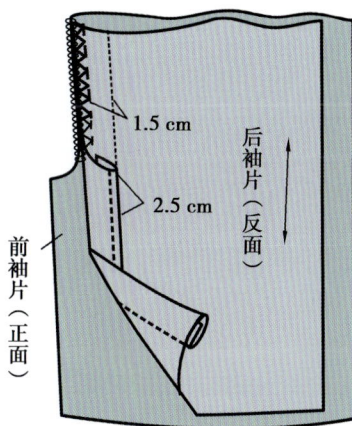

1.5 cm

2.5 cm

前袖片（正面）

后袖片（反面）

工序编号 ⑤

产品名称：**任务三 借缝袖衩**

工序名称：**缉袖衩门襟明线**

工艺装备：**平缝机、烫台、熨斗**

操作要领及工艺要求：

在袖衩处缉明线0.1 cm和1.5 cm。

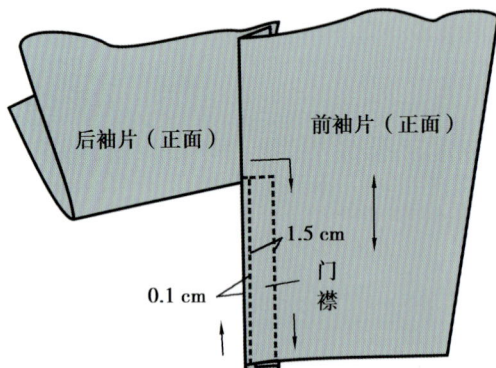

后袖片（正面）　　前袖片（正面）

1.5 cm

门襟

0.1 cm

工序编号 ⑥

产品名称：**任务三 借缝袖衩**

工序名称：**缉前袖衩明线、封袖衩**

工艺装备：**平缝机、烫台、熨斗**

操作要领及工艺要求：

缉来回针2道，固定。

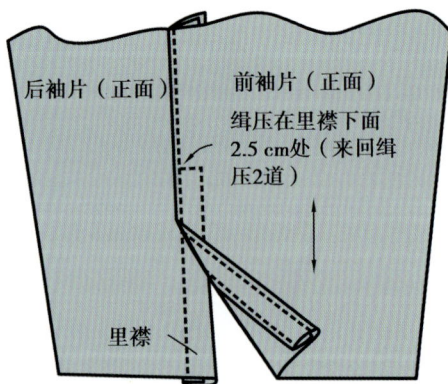

后袖片（正面）　　前袖片（正面）

缉压在里襟下面
2.5 cm处（来回缉
压2道）

里襟

任务拓展

根据所给图示,找出下列袖衩的不同之处,并制作第 1、4 款。

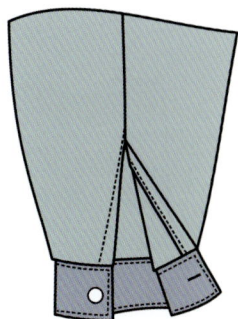 

（1） （2）

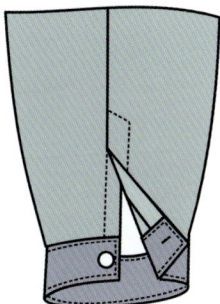 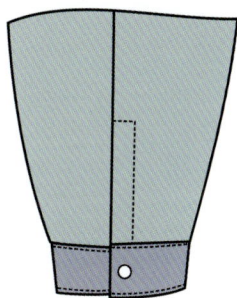

（3） （4）

任务四 男西服袖衩的制作

任务目标

①了解男西服袖衩的外形特点,掌握面料性能、丝缕与衣片结构的关系。

②掌握男西服袖衩的整体工艺流程和操作方法,并能根据要求熟练制作。

③能够合理设计男西服袖衩的工艺流程。

④培养学生精益求精的学习态度。

任务内容

1. 产品效果

开衩净宽 2 cm，钉 4 粒装饰扣。

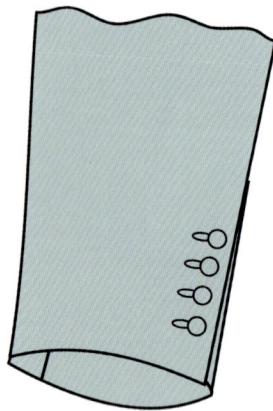

2. 工艺要求

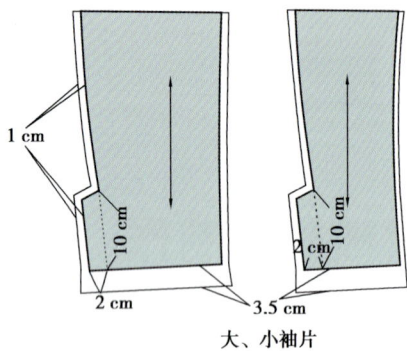

大、小袖片

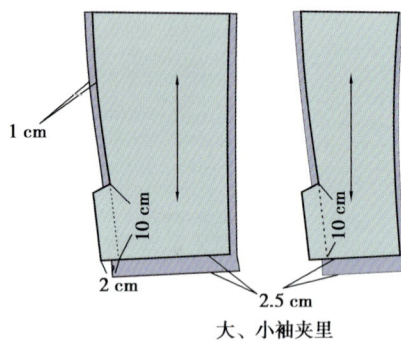

大、小袖夹里

3. 制作时间

30 min。

4. 工艺流程图

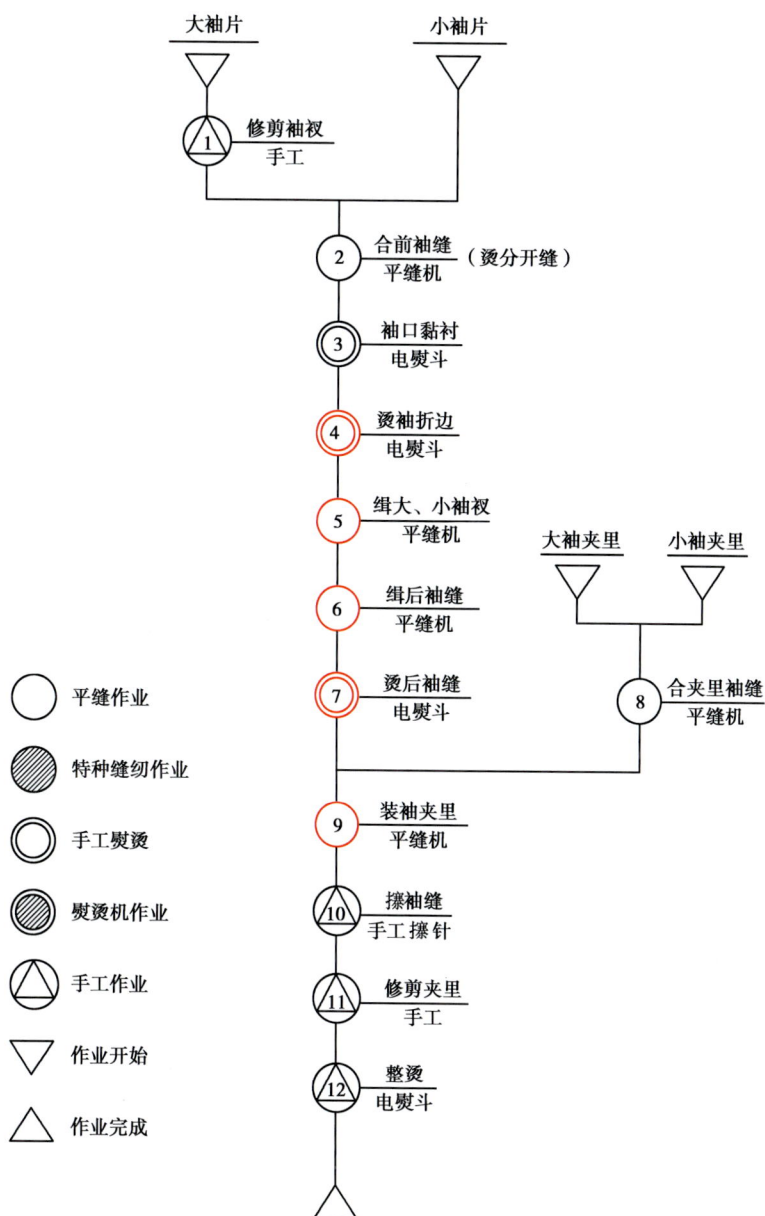

大袖片　　　　小袖片

① 修剪袖衩　手工

② 合前袖缝（烫分开缝）　平缝机

③ 袖口黏衬　电熨斗

④ 烫袖折边　电熨斗

⑤ 缉大、小袖衩　平缝机

大袖夹里　　小袖夹里

⑥ 缉后袖缝　平缝机

⑦ 烫后袖缝　电熨斗

⑧ 合夹里袖缝　平缝机

⑨ 装袖夹里　平缝机

⑩ 攃袖缝　手工攃针

⑪ 修剪夹里　手工

⑫ 整烫　电熨斗

○ 平缝作业

◎ 特种缝纫作业

◎ 手工熨烫

◎ 熨烫机作业

△ 手工作业

▽ 作业开始

△ 作业完成

任务评价表

评价项目	分类	质量要求	分值/分	评分标准	得分/分
职业规范与素养	态度	准备充分,遵守纪律,卫生清洁	2	准备充分,纪律差,工作环境不整齐,卫生不清洁	
	安全	安全用电,安全使用工具,严格规程操作	3	不按照规程安全用电	
	职业操守	正确操作机器设备,符合"5S"管理要求	5	机器设备操作不规范,不符合"5S"管理要求	
男西服袖衩缝制	外观评价	外形美观,门里襟袖衩方正	15	门里襟袖衩不方正,歪斜	
		各部位平服,门里襟不豁开	15	明显不平服,门里襟袖衩豁开太大	
		无丝绺、正反错误	10	面料正反错误,丝绺不正确(每处扣1分,扣完为止)	
		成品整烫平服整洁,无水花,无极光,无烫黄,无烫焦	10	有明显水花,有极光(每处扣1分,扣完为止)注:烫黄、烫焦整个作品为0分	
		内外无线头,无污渍,无毛漏,无破损	10	有线头、污渍每处扣1分,扣完为止注:毛漏、破损整个作品为0分	
		袖口夹里无褶缩,无吊紧	10	袖口夹里不平服,有明显褶缩、吊紧	
	规格评价	符合成品规格,门里襟长短一致,不允许超出公差	10	门里襟长短不一致,超出公差0.2 cm	
		针距均匀,无断线、跳线	10	针距不均匀,有断线、跳线	
时间		在规定时间内完成		每超过10 min,扣5分	

5. 制作工艺卡

工序编号 ④

产品名称：任务六　男西服袖衩
工序名称：烫袖口折边
工艺装备：烫台、熨斗
操作要领及工艺要求：

　　袖口和袖衩处粘黏合衬，袖口衬在袖口线丁向下1 cm以上，宽约5 cm。然后按线丁将袖口折边烫好。

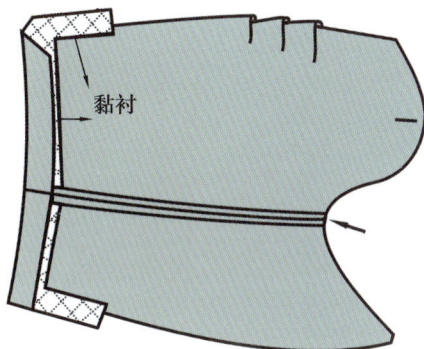

黏衬

工序编号 ⑤

产品名称：任务六　男西服袖衩
工序名称：缉大小袖衩
工艺装备：平缝机、烫台、熨斗
操作要领及工艺要求：

　　将大小袖衩按袖口折边正面相对车缉，小袖衩勾缉时，上口留0.8 cm不要缉到头，大袖衩分缝烫平。正面向外翻出，将袖衩贴边和袖口折边熨烫平整。

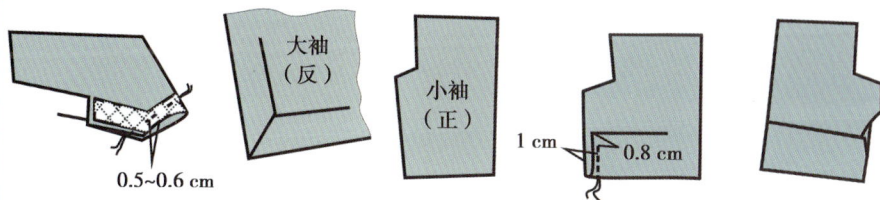

0.5~0.6 cm

大袖（反）

小袖（正）

1 cm　　0.8 cm

工序编号 ⑥

产品名称： **任务六　男西服袖衩**

工序名称： **缉后袖缝**

工艺装备： **平缝机、烫台、熨斗**

操作要领及工艺要求：

　　大小袖片正面相叠，大袖放下层，袖衩处做好缝制标记，车缉后袖缝（可先擦线后缉合）大袖上段10 cm略放吃势。缉线要顺直，缝至距袖口2.5 cm左右处止。

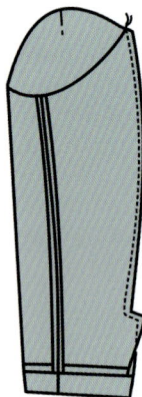

工序编号 ⑦

产品名称： **任务六　男西服袖衩**

工序名称： **烫后袖缝**

工艺装备： **烫台、熨斗、剪刀**

操作要领及工艺要求：

　　缝合后袖缝后，在小袖缝与袖衩折角处打一眼刀，烫分开缝，袖衩倒向大袖。

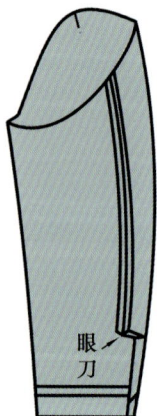

眼刀

工序编号 ⑨

产品名称：任务六 男西服袖衩

工序名称：装袖夹里

工艺装备：平缝机、烫台、熨斗

操作要领及工艺要求：

　　将袖夹里与袖片袖口套合在一起正面相对，袖衩处做好标记，前后袖缝要对好。然后车缉袖口一圈缝头0.6~0.7 cm。将袖口贴边翻折缲好，袖夹里1 cm坐势烫好。把袖夹里与前后袖缝缝头手针攃好，上下各预留10 cm不缝。注意攃线要松，夹里略放松。

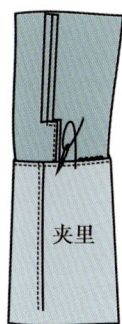

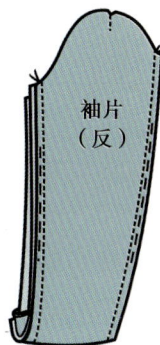

夹里

袖片
（反）

项目六
衣身开衩的工艺制作

服装开衩是为了穿着舒适、活动方便以及装饰的需要,是服装结构的重要构成要素之一。凡是在穿脱、行走、运动等生理活动中需要有一定舒适量的服装部位,都可以结合服装造型设计开衩,其形式可以是永久的,也可以用拉链、纽扣、盘带等材料暂时固定。

任务一　裙开衩的制作

任务目标

①了解裙开衩的外形特点。
②掌握裙开衩的整体工艺流程和操作方法,并能根据要求熟练制作。
③能够合理设计裙开衩的工艺流程。
④培养学生的质量意识和协作能力。

任务内容

1.产品效果

成品裙衩长 12 cm,宽 4 cm。

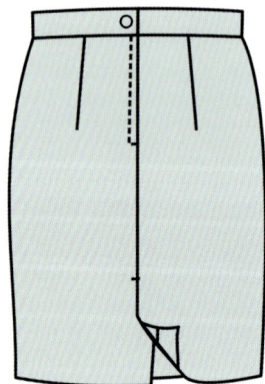

2. 工艺要求

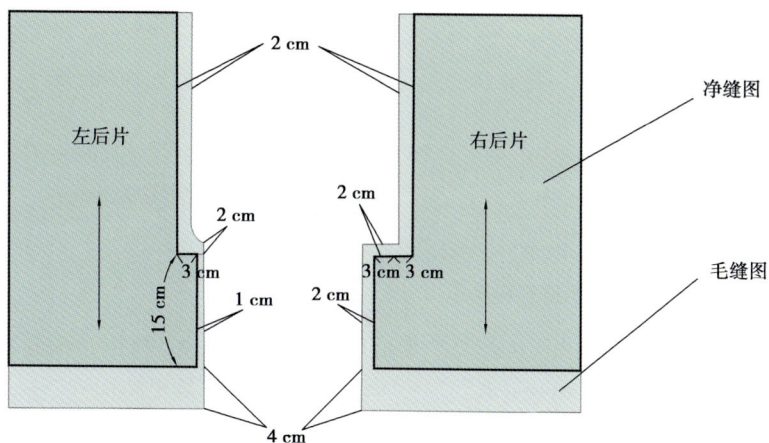

净缝图

毛缝图

左后片　　　　　右后片

2 cm

2 cm

2 cm

2 cm

3 cm

3 cm　3 cm

15 cm

1 cm

2 cm

4 cm

3. 制作时间

30 min。

4. 工艺流程图

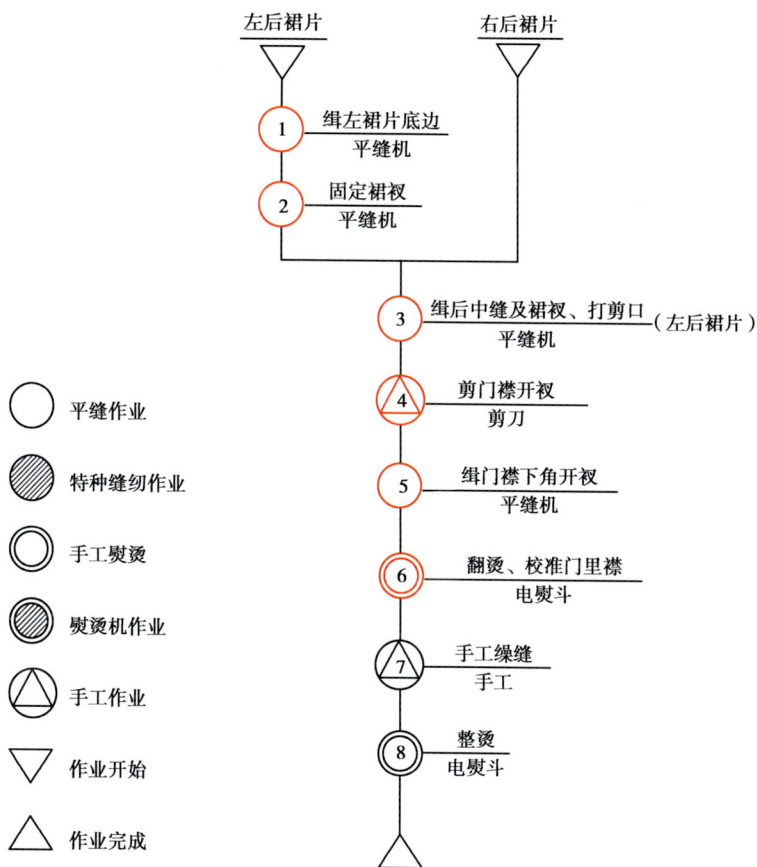

左后裙片　　　　　右后裙片

1　缉左裙片底边　平缝机

2　固定裙衩　平缝机

3　缉后中缝及裙衩、打剪口（左后裙片）　平缝机

4　剪门襟开衩　剪刀

5　缉门襟下角开衩　平缝机

6　翻烫、校准门里襟　电熨斗

7　手工缲缝　手工

8　整烫　电熨斗

○　平缝作业

◒　特种缝纫作业

◎　手工熨烫

◉　熨烫机作业

△　手工作业

▽　作业开始

△　作业完成

任务评价表

评价项目	分类	质量要求	分值/分	评分标准	得分/分
职业规范与素养	态度	准备充分,遵守纪律,卫生清洁	2	准备充分,纪律差,工作环境不整齐,卫生不清洁	
	安全	安全用电,安全使用工具,严格规程操作	3	不按照规程安全用电	
	职业操守	正确操作机器设备,符合"5S"管理要求	5	机器设备操作不规范,不符合"5S"管理要求	
裙开衩缝制	外观评价	外形美观,门里襟裙衩方正	15	门里襟裙衩不方正,歪斜	
		各部位平服,门里襟不豁开	15	明显不平服,门里襟裙衩豁开太大	
		无丝绺、正反错误	10	面料正反错误,丝绺不正确(每处扣1分,扣完为止)	
		成品整烫平服整洁,无水花,无极光,无烫黄,无烫焦	10	有明显水花,有极光(每处扣1分,扣完为止)注:烫黄、烫焦整个作品为0分	
		内外无线头,无污渍,无毛漏,无破损	10	有线头、污渍每处扣1分,扣完为止注:毛漏、破损整个作品为0分	
		裙摆夹里无褶缩,无吊紧	10	裙摆夹里不平服,有明显褶缩、吊紧	
	规格评价	符合成品规格,门里襟长短一致,不允许超出公差	10	门里襟长短不一致,超出公差0.2 cm	
		针距均匀,无断线、跳线	10	针距不均匀,有断线、跳线	
时间		在规定时间内完成		每超过10 min,扣5分	

5. 制作工艺卡

工序编号 ①

产品名称：**任务四　裙开衩**

工序名称：**缉左后裙片底边**

工艺装备：**平缝机、烫台、熨斗**

操作要领及工艺要求：

　　将左裙片的底边翻至正面，按略去1 cm缝份车缝。

左裙片
（反面）

1 cm

工序编号 ②

产品名称：**任务四　裙开衩**

工序名称：**固定裙衩**

工艺装备：**平缝机、烫台、熨斗**

操作要领及工艺要求：

　　将缝份翻转，贴边向反面扣烫，然后用三角针固定裙衩。

三角针

左裙片
（片面）

工序编号　③

产品名称：**任务四　裙开衩**

工序名称：**缉左后裙片底边**

工艺装备：**平缝机、烫台、熨斗**

操作要领及工艺要求：

车缝左右裙片的后中缝及裙衩，在左裙片转折处打剪口。

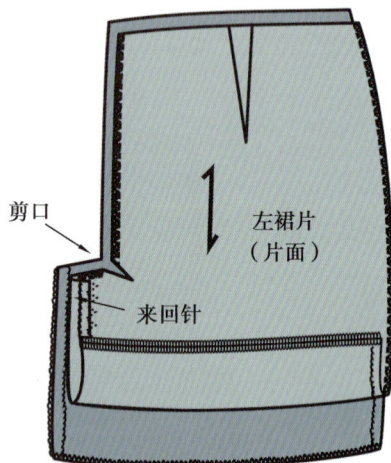

剪口

来回针

左裙片
（片面）

1

工序编号　△④

产品名称：**任务四　裙开衩**

工序名称：**剪门襟开衩**

工艺装备：**平缝机、烫台、熨斗、剪刀**

操作要领及工艺要求：

门襟开衩下角处的多余量修剪掉。

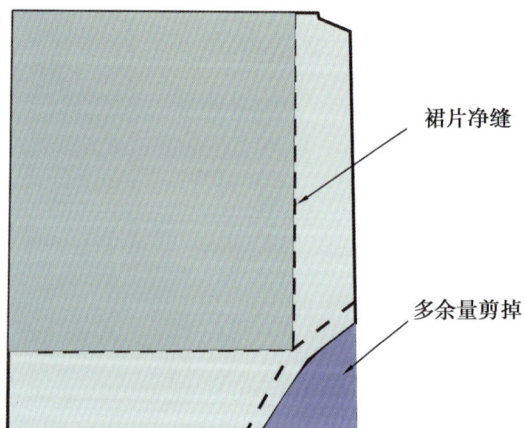

裙片净缝

多余量剪掉

产品名称：**任务四　裙开衩**

工序名称：**缉门襟下角开衩**

工艺装备：**平缝机、烫台、熨斗**

操作要领及工艺要求：

下角开衩按底边宽和开衩宽正面对折缉合，烫分开缝，修剪缝份0.5~0.6 cm。

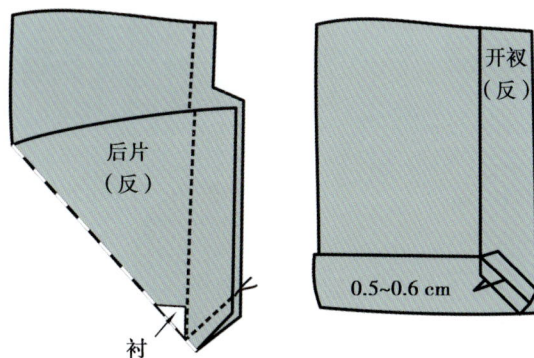

后片
（反）

衬

开衩
（反）

0.5~0.6 cm

产品名称：**任务四　裙开衩**

工序名称：**翻烫、校准门里襟**

工艺装备：**平缝机、烫台、熨斗**

操作要领及工艺要求：

翻至正面烫平整，校准门里襟长度，门襟应比里襟长0.15 cm。

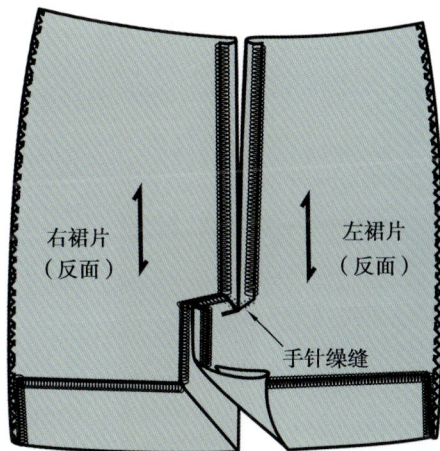

右裙片
（反面）

左裙片
（反面）

手针缲缝

任务拓展

比较下列开衩的异同点,并任选两款制作。

（1）

装饰多粒铜扣

前片斜开衩设计

两侧竖直插袋设计

（2）

（3）

（4）

任务二　西服后背衩的制作

任务目标

①了解上衣后中缝开衩的外形特点,掌握面料性能、丝缕与衣片结构的关系。
②掌握后中缝开衩的整体工艺流程和操作方法,并能根据要求熟练制作。
③能够进行后中缝开衩的款式设计制作并能合理设计其工艺流程。

任务内容

1. 产品效果

后中缝开衩上封口为腰节下 4～5 cm,门襟宽 4 cm。

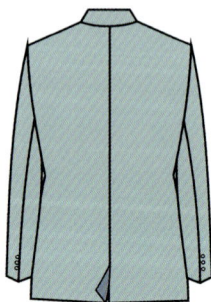

2. 工艺要求

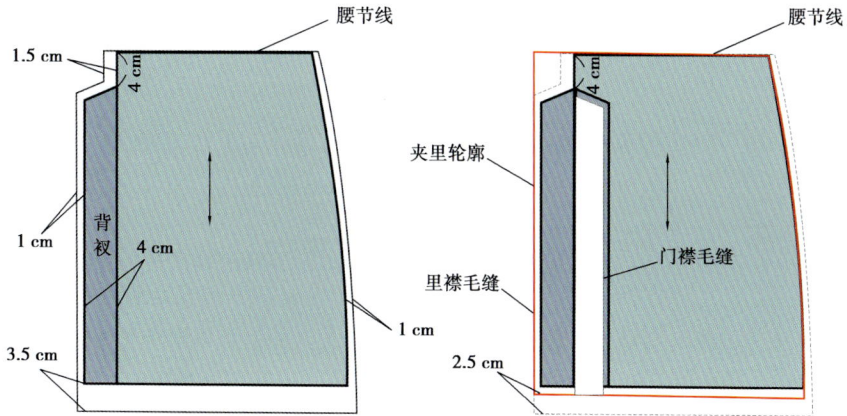

3. 制作时间

30 min。

4. 工艺流程图

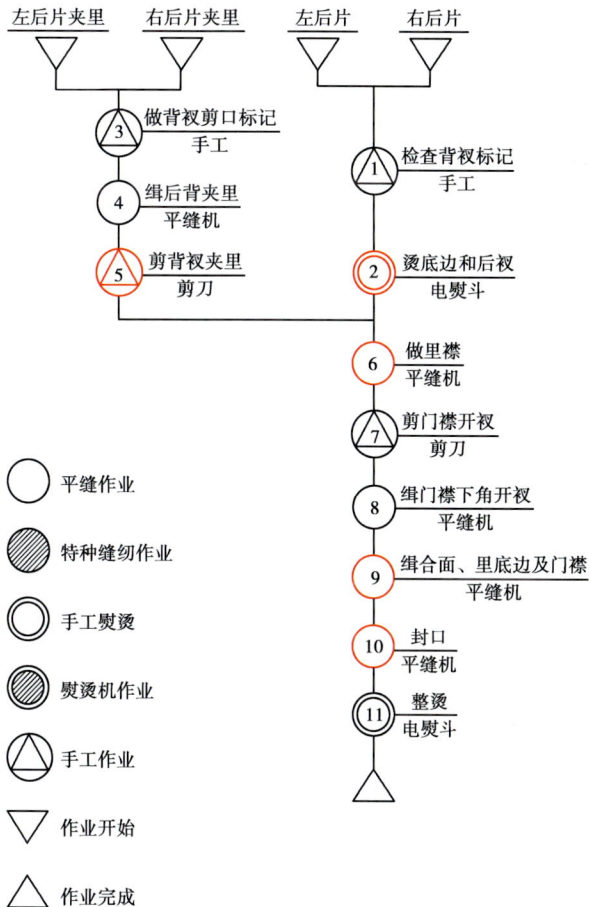

任务评价表

评价项目	分类	质量要求	分值/分	评分标准	得分/分
职业规范与素养	态度	准备充分,遵守纪律,卫生清洁	2	准备充分,纪律差,工作环境不整齐,卫生不清洁	
	安全	安全用电,安全使用工具,严格规程操作	3	不按照规程安全用电	
	职业操守	正确操作机器设备,符合"5S"管理要求	5	机器设备操作不规范,不符合"5S"管理要求	
西服后背衩缝制	外观评价	外形美观,门里襟背衩方正	15	门里襟背衩不方正,歪斜	
		各部位平服,门里襟不豁开	15	明显不平服,门里襟背衩豁开太大	
		无丝绺、正反错误	10	面料正反错误,丝绺不正确(每处扣1分,扣完为止)	
		成品整烫平服整洁,无水花,无极光,无烫黄,无烫焦	10	有明显水花,有极光(每处扣1分,扣完为止)注:烫黄、烫焦整个作品为0分	
		内外无线头,无污渍,无毛漏,无破损	10	有线头、污渍每处扣1分,扣完为止注:毛漏、破损整个作品为0分	
		底摆夹里无褶缩,无吊紧	10	底摆夹里不平服,有明显褶缩、吊紧	
	规格评价	符合成品规格,门里襟长短一致,不允许超出公差	10	门里襟长短不一致,超出公差0.2 cm	
		针距均匀,无断线、跳线	10	针距不均匀,有断线、跳线	
时间		在规定时间内完成		每超过10 min,扣5分	

5.制作工艺卡

工序编号 ②

产品名称：任务七　后背衩制作

工序名称：烫底边和后衩

工艺装备：平缝机、烫台、熨斗、剪刀

操作要领及工艺要求：

　　按底边线丁先扣烫门襟贴边，再扣烫里襟贴边，扣烫时要注意底边的顺直，里襟背衩不能长于门襟背衩。门襟背衩按线丁折转扣烫。

袖窿牵条

里襟衬

工序编号 ⑤

产品名称：任务七　后背衩制作

工序名称：剪背衩夹里

工艺装备：烫台、熨斗、剪刀

操作要领及工艺要求：

　　门襟背衩夹里按净线放缝修剪。

净粉

门襟阴影部分剪掉

工序编号 ⑥

产品名称：**任务七　后背衩制作**

工序名称：**做里襟**

工艺装备：**烫台、熨斗、剪刀**

操作要领及工艺要求：

　　将里襟夹里与面料里襟位置放准，底边面、里正面相对，自开衩处向侧缝缉合一段，底边夹里向反面扣转，底边按折边线翻转，面、里底边毛边处平，按0.8 cm缝份缉合里襟背衩，夹里略松。

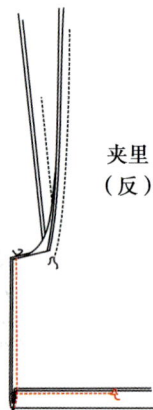

夹里
（反）

工序编号 ⑨

产品名称：**任务七　后背衩制作**

工序名称：**缉合面、里底边及门襟**

工艺装备：**平缝机、烫台、熨斗、剪刀**

操作要领及工艺要求：

　　门襟面、里底边正面相对，自底边开衩处开始缉合一段，门襟背衩处面、里正面相对缉合。

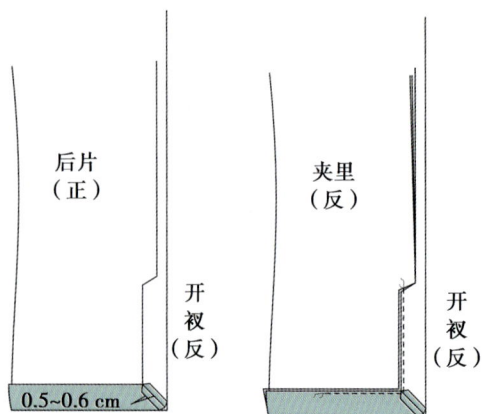

后片
（正）

夹里
（反）

开衩
（反）

开衩
（反）

0.5~0.6 cm

工序编号 ⑩

产品名称：任务七　后背衩制作

工序名称：封口

工艺装备：平缝机、烫台、熨斗、剪刀

操作要领及工艺要求：

　　将门襟夹里按背衩高低、进出位置剪斜形刀眼，将夹里上口按斜形刀眼位置将夹里缝头折进，与背衩面料缝头一起封口一道，注意不要封到衣片正面，夹里斜形刀眼不毛露。

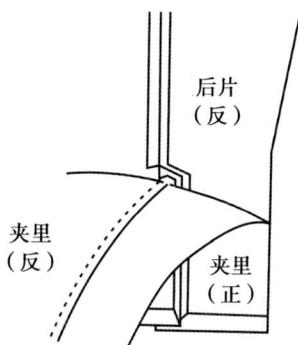

后片
（反）

夹里
（反）

夹里
（正）

任务拓展

　　根据后中背衩的制作方法，小组讨论男西服侧开衩的制作工艺流程并做出成品。

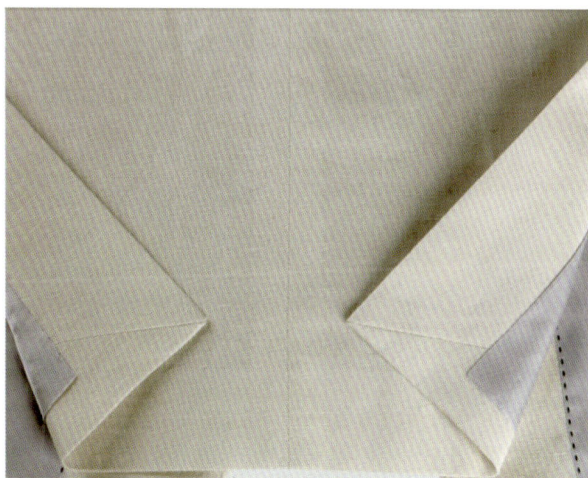

项目七
袖头的工艺制作

相对于其他工序来说,袖头制作比较容易。款式有连口袖头和两片袖头、橡筋袖头、嵌花边袖头等。学会了这几种袖头制作方法,其他类型都可举一反三。制作时注意观察,运用技巧,反复练习,将制作方法熟练应用到各类服装中。

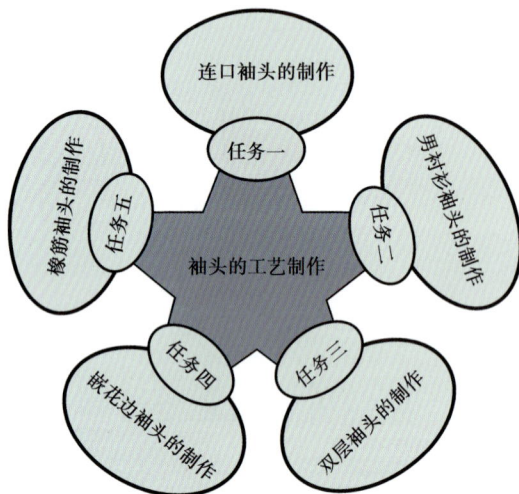

相关工艺术语:

1. 净样

服装裁片的实际尺寸,不包括缝份、贴边等。

2. 毛样

服装裁片的尺寸,已包括缝份、贴边等。

3. 裥

裥也称褶裥,为了使服装适合人体体型曲线,在衣片上折叠的部分。

4. 抽褶

根据体型的需要,在衣片某些部位抽紧,使面料起皱。

5. 纱向

纺织原料的经向和纬向,有横、直、斜之分。

6. 袖头

袖头也称克夫,袖子下端收紧拼接的部位。

7. 合袖头

袖头面、里机缉缝合。

任务一　连口袖头的制作

任务目标

①了解连口袖头的外形特点,掌握面料性能、丝缕与衣片结构的关系。
②掌握连口袖头的整体工艺流程和操作方法,并能根据要求熟练制作。
③能够进行连口袖头的款式设计制作并能合理设计其工艺流程。

任务内容

1. 产品效果

模拟袖片 1 片,袖衩条 1 片。

 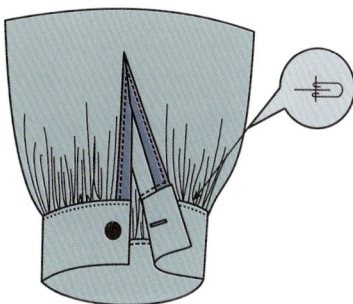

2. 工艺要求

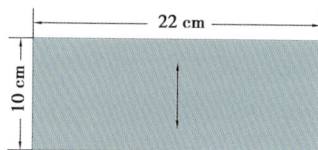

模拟袖口

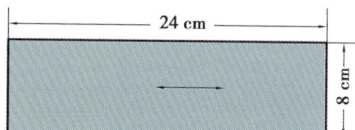

袖头(袖头衬与其规格相同)

3. 制作时间

10 min。

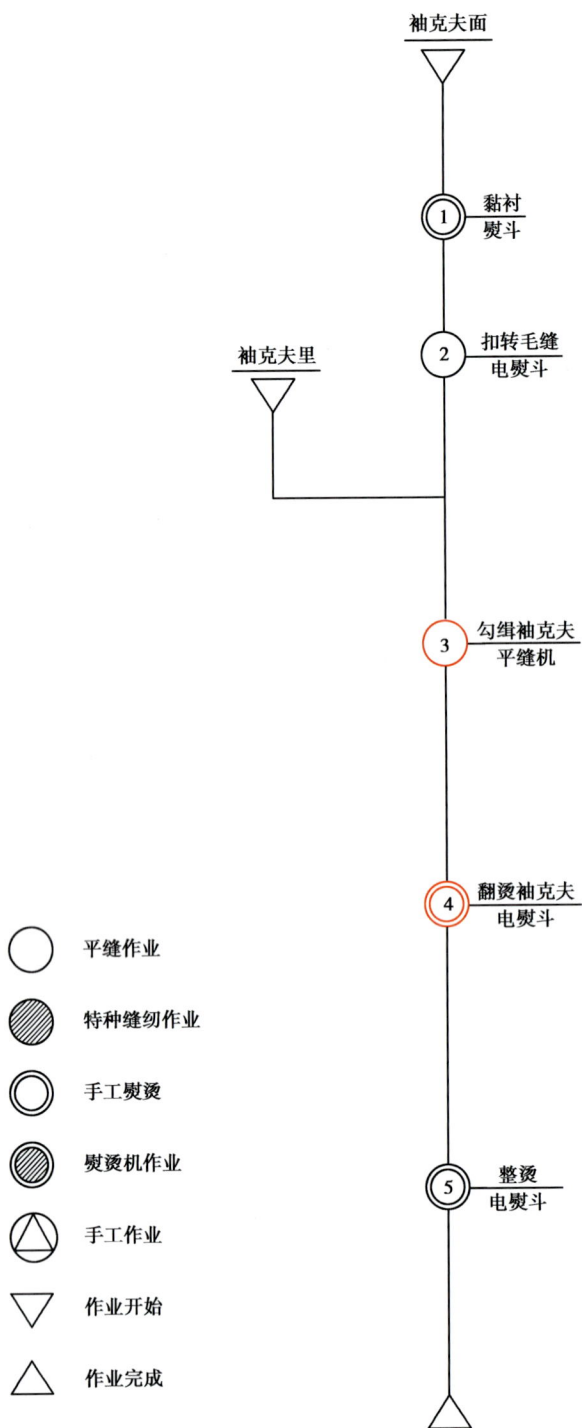

4. 工艺流程图

袖克夫面

▽

① 黏衬
  熨斗

袖克夫里

▽

② 扣转毛缝
  电熨斗

③ 勾绲袖克夫
  平缝机

④ 翻烫袖克夫
  电熨斗

⑤ 整烫
  电熨斗

△

○ 平缝作业

◍ 特种缝纫作业

◎ 手工熨烫

◉ 熨烫机作业

△ 手工作业

▽ 作业开始

△ 作业完成

任务评价表

评价项目	分类	质量要求	分值/分	评分标准	得分/分
职业规范与素养	态度	准备充分,遵守纪律,卫生清洁	2	准备充分,纪律差,工作环境不整齐,卫生不清洁	
	安全	安全用电,安全使用工具,严格规程操作	3	不按照规程安全用电	
	职业操守	正确操作机器设备,符合"5S"管理要求	5	机器设备操作不规范,不符合"5S"管理要求	
连袖口缝制	外观评价	外形美观,袖头角度方正	15	不方正,歪斜	
		各部位平服,袖衩门里襟不豁开	15	明显不平服,袖衩门里襟豁开太大	
		无丝绺、正反错误	10	面料正反错误,丝绺不正确(每处扣1分,扣完为止)	
		成品整烫平服整洁,无水花,无极光,无烫黄,无烫焦	10	有明显水花,有极光(每处扣1分,扣完为止)注:烫黄、烫焦整个作品为0分	
		内外无线头,无污渍,无毛漏,无破损	10	有线头、污渍每处扣1分,扣完为止注:毛漏、破损整个作品为0分	
		袖口褶抽褶均匀	10	袖口褶抽褶不均匀,形态不美观	
	规格评价	符合成品规格,门里襟长短一致,不允许超出公差	10	门里襟长短不一致,超出公差0.2 cm	
		针距均匀,无断线、跳线	10	针距不均匀,有断线、跳线	
时间		在规定时间内完成		每超过10 min,扣5分	

5.制作工艺卡

工序编号 ③ ④

产品名称：**任务一　连口袖头**

工序名称：**勾袖克夫、翻烫袖克夫**

工艺装备：**平缝机、烫台、熨斗、锥子**

操作要领及工艺要求：

　　1.勾袖克夫：袖克夫反面黏衬，正面相叠，袖克夫面扣转1 cm缝，两头分别缉线。袖克夫尺寸按规格要求。

　　2.翻烫袖克夫：烫转两边缝头，翻出后烫平、烫煞。袖克夫夹里比面放出0.6 cm缝头。

袖克夫面

面比里多出
0.6 cm缝头

任务拓展

　　按照连口袖头的制作工序，完成此款的制作。

任务二　男衬衫袖头的制作

任务目标

①了解男衬衫袖头的外形特点,掌握面料性能、丝缕与衣片结构的关系。

②掌握男衬衫袖头的整体工艺流程和操作方法,并能根据要求熟练制作。

③能够进行男衬衫袖头的款式设计制作并能合理设计其工艺流程。

④培养学生的动手能力,提高学生的观察及理解能力。

任务内容

1.产品效果

男衬衫袖头衬用涤棉树脂硬衬,直料。

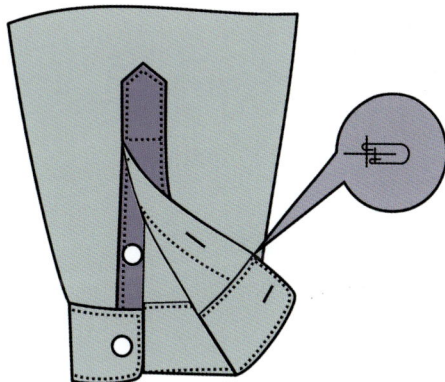

2.工艺要求

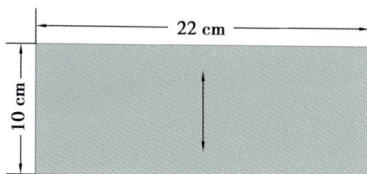

模拟袖口

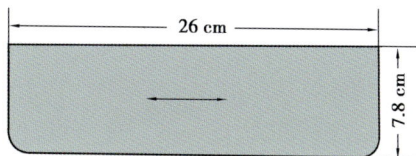

袖头面、里

袖头衬

3.制作时间

20 min。

4.工艺流程图

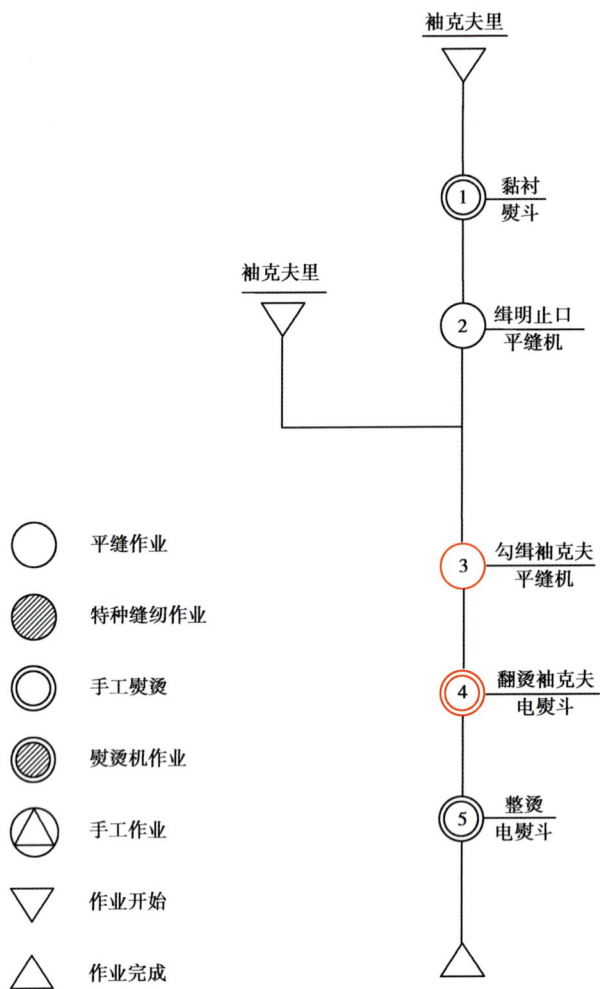

袖克夫里

① 黏衬
　熨斗

袖克夫里

② 缉明止口
　平缝机

③ 勾缉袖克夫
　平缝机

④ 翻烫袖克夫
　电熨斗

⑤ 整烫
　电熨斗

○ 平缝作业

◎ 特种缝纫作业

◎ 手工熨烫

◉ 熨烫机作业

△ 手工作业

▽ 作业开始

△ 作业完成

任务评价表

评价项目	分类	质量要求	分值/分	评分标准	得分/分
职业规范与素养	态度	准备充分,遵守纪律,卫生清洁	2	准备充分,纪律差,工作环境不整齐,卫生不清洁	
	安全	安全用电,安全使用工具,严格规程操作	3	不按照规程安全用电	
	职业操守	正确操作机器设备,符合"5S"管理要求	5	机器设备操作不规范,不符合"5S"管理要求	
男衬衫袖头缝制	外观评价	外形美观,袖头角度方正	15	不方正,歪斜	
		各部位平服,袖衩门里襟不豁开	15	明显不平服,袖衩门里襟豁开太大	
		无丝缕、正反错误	10	面料正反错误,丝缕不正确(每处扣1分,扣完为止)	
		成品整烫平服整洁,无水花,无极光,无烫黄,无烫焦	10	有明显水花,有极光(每处扣1分,扣完为止)注:烫黄、烫焦整个作品为0分	
		内外无线头,无污渍,无毛漏,无破损	10	有线头、污渍每处扣1分,扣完为止注:毛漏、破损整个作品为0分	
		双层袖口角度圆顺	10	袖口褶裥不均匀,形态不美观	
	规格评价	符合成品规格,门里襟长短一致,不允许超出公差	10	门里襟长短不一致,超出公差0.2 cm	
		针距均匀,无断线、跳线	10	针距不均匀,有断线、跳线	
时间		在规定时间内完成		每超过10 min,扣5分	

5. 制作工艺卡

工序编号　③

产品名称：任务二　男衬衫袖头

工序名称：勾缉袖克夫

工艺装备：平缝机、烫台、熨斗、锥子

操作要领及工艺要求：

　　袖克夫里比面缝头修小0.15 cm，与袖克夫面正面相叠，袖克夫面朝上，离开厚衬净样0.1~0.2 cm（薄衬按净粉线）缉合，注意圆角圆顺，大小相同，夹里带紧，做出里外匀势。

袖克夫里　　袖克夫面

缉线离开衬边0.1~0.2 cm

袖头衬

工序编号　④

产品名称：任务一　男衬衫袖头

工序名称：翻烫袖克夫

工艺装备：平缝机、烫台、熨斗、锥子

操作要领及工艺要求：

　　袖克夫圆头留缝头0.3 cm，修剪圆顺，可用规定的圆头样板翻足圆头。翻转后把圆头烫顺，对合一致，下口烫直，止口无反吐。夹里上口缝头沿袖克夫面先包转扣烫一下，然后将夹里塞进夹层，两端缝头包光，夹里扣光后比面略有余出。

袖头面（正）

袖克夫面（正）

包转扣烫

将夹里塞进夹层

任务拓展

分析下列款式,简要叙述男衬衫袖头在款式上有哪些变化,设计其工艺流程并画出结构图。

任务三　双层袖头的制作

任务目标

①了解双层袖头的外形特点,掌握面料性能、丝缕与衣片结构的关系。

②掌握双层袖头的整体工艺流程和操作方法,并能根据要求熟练制作。

③能够进行双层袖头的款式设计制作,并能合理设计其工艺流程。

任务内容

1.产品效果

袖头双层,外层比里层宽 3 cm 左右,里层袖口宽 6 cm。

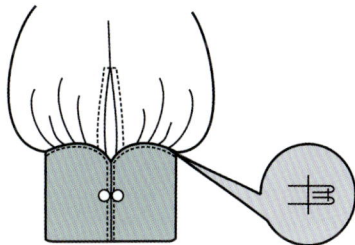

2.工艺要求

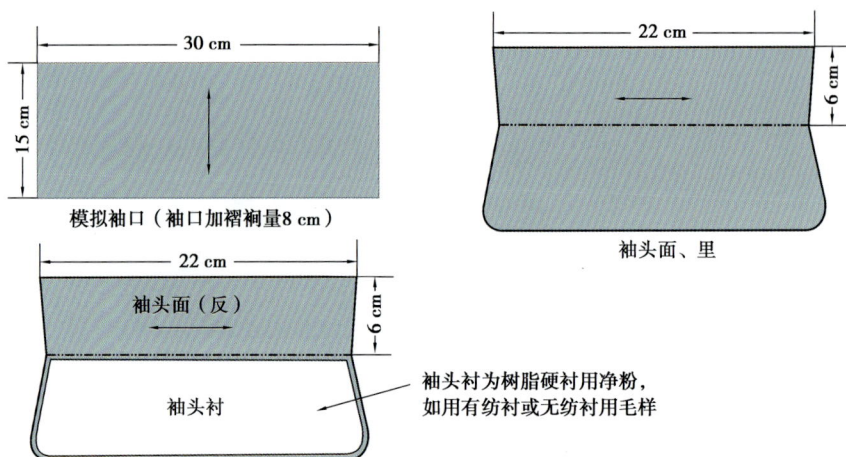

模拟袖口（袖口加褶裥量8 cm）

袖头面、里

袖头面（反）

袖头衬

袖头衬为树脂硬衬用净粉，
如用有纺衬或无纺衬用毛样

3.制作时间

20 min。

4.工艺流程图

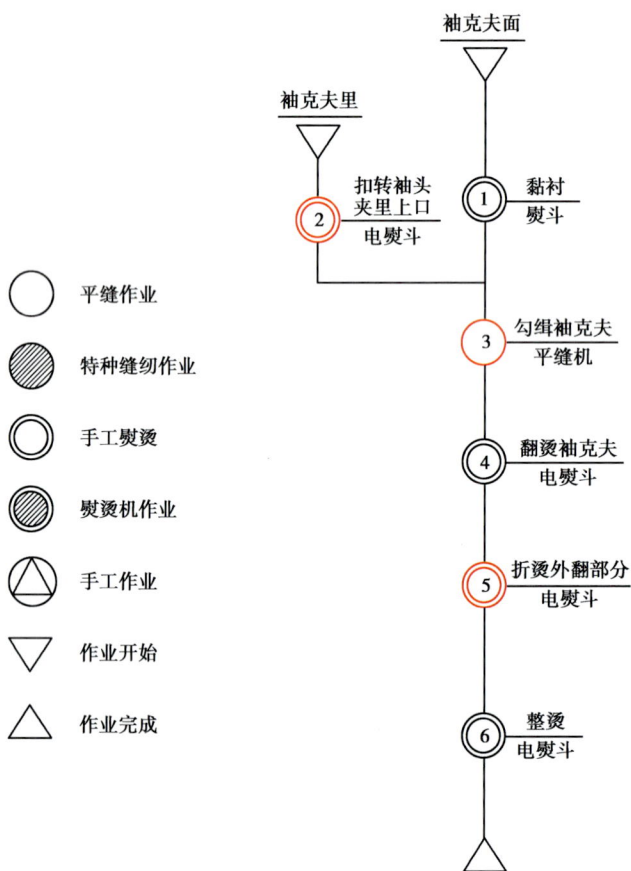

袖克夫面

袖克夫里

| 2 | 扣转袖头夹里上口 电熨斗 |
| 1 | 黏衬 熨斗 |

| 3 | 勾缉袖克夫 平缝机 |

| 4 | 翻烫袖克夫 电熨斗 |

| 5 | 折烫外翻部分 电熨斗 |

| 6 | 整烫 电熨斗 |

○ 平缝作业

◐ 特种缝纫作业

◎ 手工熨烫

◉ 熨烫机作业

△ 手工作业

▽ 作业开始

△ 作业完成

任务评价表

评价项目	分类	质量要求	分值/分	评分标准	得分/分
职业规范与素养	态度	准备充分,遵守纪律,卫生清洁	2	准备不充分,纪律差,工作环境不整齐,卫生不清洁	
	安全	安全用电,安全使用工具,严格规程操作	3	不按照规程安全用电	
	职业操守	正确操作机器设备,符合"5S"管理要求	5	机器设备操作不规范,不符合"5S"管理要求	
双层袖头缝制	外观评价	外形美观,袖头角度方正	15	不方正,歪斜	
		各部位平服,袖衩门、里襟不豁开	15	明显不平服,袖衩门、里襟豁开太大	
		无丝绺、正反错误	10	面料正反错误,丝绺不正确(每处扣1分,扣完为止)	
		成品整烫平服整洁,无水花,无极光,无烫黄,无烫焦	10	有明显水花,有极光(每处扣1分,扣完为止)注:烫黄、烫焦整个作品为0分	
		内外无线头,无污渍,无毛漏,无破损	10	有线头、污渍每处扣1分,扣完为止注:毛漏、破损整个作品为0分	
		双层袖口角度圆顺	10	袖口褶裥不均匀,形态不美观	
	规格评价	符合成品规格,门、里襟长短一致,不允许超出公差	10	门里襟长短不一致,超出公差0.2 cm	
		针距均匀,无断线、跳线	10	针距不均匀,有断线、跳线	
时间		在规定时间内完成		每超过10 min,扣5分	

5. 制作工艺卡

工序编号　②　③

产品名称：任务一　双层袖头

工序名称：扣袖头夹里上口、勾缉面里

工艺装备：平缝机、烫台、熨斗、锥子

操作要领及工艺要求：

　　1. 扣袖夹里上口：袖头夹里按缝头扣烫。

　　2. 勾缉面、里：按缝头勾缉面、里，缉至圆角时，面略放松，里拉紧，形成里外匀窝势，如有扣袢，可以夹于面里之间勾缉。

袖头里（反）　　　袖头里（反）

工序编号　⑤

产品名称：任务一　双层袖头

工序名称：折烫外翻部分

工艺装备：平缝机、烫台、熨斗、锥子

操作要领及工艺要求：

　　按翻折线向袖头里折转扣烫平服。

袖头面（正）

任务拓展

以下列外翻袖头为例,每小组设计类似款式两例,设计工艺流程并画出结构图。

任务四　嵌花边袖头的制作

任务目标

①了解嵌花边袖头的外形特点,掌握面料性能、丝缕与衣片结构的关系。
②掌握嵌花边袖头的整体工艺流程和操作方法,并能根据要求熟练制作。
③能够进行嵌花边袖头的款式设计制作,并能合理设计其工艺流程。
④培养学生一丝不苟的学习态度。

任务内容

1.产品效果

袖头宽 4 cm,要求花边是袖头长的 1.5 倍。

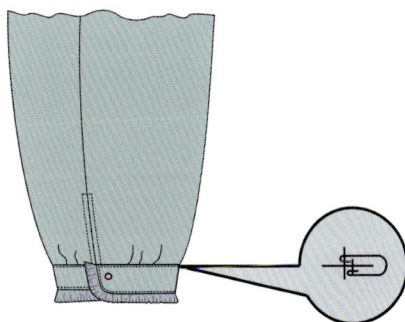

2. 工艺要求

```
┌──────── 30 cm ────────┐
│                        │
15 cm │        ↕         │
│                        │
└────────────────────────┘
```
模拟袖口（袖口加褶裥量8 cm）

```
┌──── 22 cm ────┐
│               │ 4 cm
│    ←───→      │
└───────────────┘
```
袖头面毛样

```
┌──── 22 cm ────┐
│  袖头面净样   │ 4 cm
└───────────────┘
```
如用有纺衬或无纺衬用毛样
袖头衬

花边长是袖头长的1.5倍,宽2.5 cm
花边

3. 制作时间

20 min。

4. 工艺流程图

袖克夫面
▽

① 黏衬 熨斗

花边
▽

③ 扣转袖头上口 电熨斗

② 抽褶 手工或机缉

袖克夫里
▽

④ 缉花边与袖头 平缝机

⑤ 勾袖克夫 平缝机

⑥ 翻烫袖克夫 电熨斗

⑦ 整烫 电熨斗

△

○ 平缝作业
◍ 特种缝纫作业
◌ 手工熨烫
◉ 熨烫机作业
△ 手工作业
▽ 作业开始
△ 作业完成

任务评价表

评价项目	分类	质量要求	分值/分	评分标准	得分/分
职业规范与素养	态度	准备充分,遵守纪律,卫生清洁	2	准备充分,纪律差,工作环境不整齐,卫生不清洁	
	安全	安全用电,安全使用工具,严格规程操作	3	不按照规程安全用电	
	职业操守	正确操作机器设备,符合"5S"管理要求	5	机器设备操作不规范,不符合"5S"管理要求	
嵌花边袖头缝制	外观评价	外形美观,各部位平服,袖头外口圆顺无方角	10	袖头外口不圆顺,有方角	
		无丝绺、正反错误	10	面料正反错误,丝绺不正确(每处扣1分,扣完为止)	
		成品整烫平服整洁,无水花,无极光,无烫黄,无烫焦	10	有明显水花,有极光(每处扣1分,扣完为止) 注:烫黄、烫焦整个作品为0分	
		内外无线头,无污渍,无毛漏,无破损	10	有线头、污渍每处扣1分,扣完为止 注:毛漏、破损整个作品为0分	
		袖口花边宽窄一致,抽褶均匀	10	袖口花边抽褶不均匀,宽窄明显不一致	
	规格评价	符合成品规格,门里襟长短一致,不允许超出公差	10	门里襟长短不一致,超出公差0.2 cm	
		袖头宽窄一致(4 cm)	10	袖头宽窄不一致,超出公差0.3 cm	
		针距均匀,无断线、跳线	10	针距不均匀,有断线、跳线	
		明缉线顺直,距止口0.1 cm	10	明缉线不顺直	
时间		在规定时间内完成		每超过10 min,扣5分	

5. 制作工艺卡

工序编号 ④

产品名称：**任务四　嵌花边袖头**

工序名称：**缉花边与袖头**

工艺装备：**平缝机、烫台、熨斗、锥子**

操作要领及工艺要求：

先把荷叶花边一侧抽褶，再将花边与袖克夫正面相叠，缉0.8 cm缝头，注意袖克夫两边花边对称一致。

袖头面（正）

长针距机缉花边，抽成均匀的细裥

工序编号 ⑤

产品名称：**任务四　嵌花边袖头**

工序名称：**勾袖克夫**

工艺装备：**平缝机、烫台、熨斗、锥子**

操作要领及工艺要求：

将袖克夫面与里正面相叠，袖克夫里上口留出1 cm，缉合袖克夫，缝份1 cm。

袖头里（反）

缝份1 cm

缉花边线

下列款式图任选两款制作为成品,小组交流工艺流程,互相取长补短。

任务五　橡筋袖头的制作

任务目标

①了解橡筋袖头的外形特点,掌握面料性能、丝绺与衣片结构的关系。

②掌握橡筋袖头的整体工艺流程和操作方法,并能根据要求熟练制作。

③能够进行橡筋袖头的款式设计制作并能合理设计其工艺流程。

④提高学生的创新能力和应变能力。

任务内容

1.产品效果

袖头为连口面料,袖头净宽5 cm。

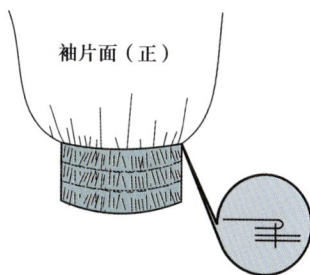

2.工艺要求

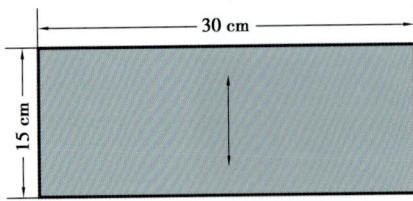

模拟袖口（袖口加褶裥量8 cm）

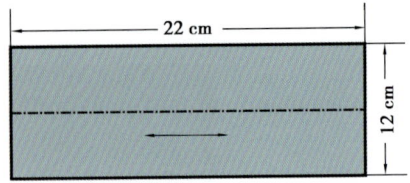

袖头面、里

橡筋（长为袖头长的0.7倍，宽5 cm）

3.制作时间

15 min。

4.工艺流程图

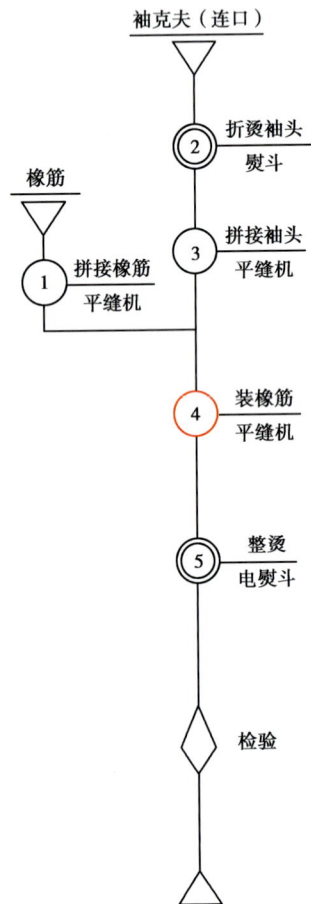

任务评价表

评价项目	分类	质量要求	分值/分	评分标准	得分/分
职业规范与素养	态度	准备充分,遵守纪律,卫生清洁	2	准备充分,纪律差,工作环境不整齐,卫生不清洁	
	安全	安全用电,安全使用工具,严格规程操作	3	不按照规程安全用电	
	职业操守	正确操作机器设备,符合"5S"管理要求	5	机器设备操作不规范,不符合"5S"管理要求	
橡筋袖口缝制	外观评价	外形美观,各部位平服,袖头宽窄一致	15	不方正,歪斜	
		无丝缕、正反错误	15	面料正反错误,丝缕不正确(每处扣1分,扣完为止)	
		止口顺直,袖头止口无空缺	10	袖头橡筋包裹不紧,止口有空缺	
		成品整烫平服整洁,无水花,无极光,无烫黄,无烫焦	10	有明显水花,有极光(每处扣1分,扣完为止)注:烫黄、烫焦整个作品为0分	
		内外无线头,无污渍,无毛漏,无破损	10	有线头、污渍每处扣1分,扣完为止注:毛漏、破损整个作品为0分	
		袖头缉线等分均匀,抽褶均匀不起涟	10	袖口抽褶不均匀,形态不美观	
	规格评价	符合成品规格要求,袖头净宽5 cm	10	不符合成品规格要求,袖头净宽超出公差0.3 cm	
		针距均匀,无断线、跳线	10	针距不均匀,有断线、跳线	
时间		在规定时间内完成		每超过10 min,扣5分	

5. 制作工艺卡

工序编号 ④

产品名称：**任务五 橡筋袖头**

工序名称：**拼接袖头成圆形、装橡筋**

工艺装备：**平缝机、烫台、熨斗、锥子**

操作要领及工艺要求：

　　1.拼接袖头成圆形：用分缝拼接袖头，折成圆筒形。

　　2.橡筋：将橡筋加进袖头中间，袖头外口先缉线1道，在中间三等分， 缉线2道，缉线时注意将橡筋拉均匀。

任务拓展

以小组的形式讨论下列款式特点,绘制出工艺流程图并完成部件的制作。

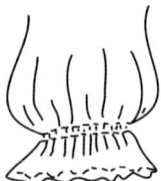

提示:抽一道橡筋做法如下,抽多道橡筋袖头制作方法相同。

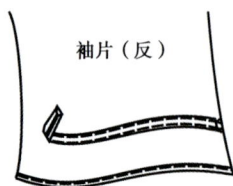

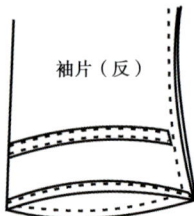

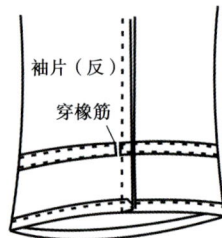

>>>>> 项目八
衣领的工艺制作

衣领是服装造型中最重要的部件,常成为人们视觉的中心。按照结构可将衣领分为无领、立领、趴领、翻驳领、连衣领等,在这里我们主要介绍下面几种衣领的制作工艺。

1. 无领

无领也称秃领,是指只有领口形态而没有领子的一类领型,无领主要包括一字领、V字领、圆领、方领等,具有轻松、自然、灵活的特点。

2. 趴领

趴领是指没有领座、领面,直接与领口连接的一类领型,多用于春秋和夏季的女装、少女装、儿童服装等,具有舒展、柔和、女性特征鲜明的特点。

3. 立领

立领是指只有领座、没有领面的一类领型,多用于中山装、军便装、学生装、中式服装等,具有挺拔、严谨、庄重的特点。

4. 立翻领

立翻领也称男衬衫领,是在立领的基础上加上领面的领型。同立领一样,立翻领也属于关门领的造型。

领子制作仅是套件服装加工过程中的一道工序,领子制作难度大、缝制工艺复杂,因此学习时要充分动脑、动手,灵活掌握方法技巧,先从无领开始,循序渐进,按从易到难的顺序,记住每种款式的特点,并注意比较、应用,为整体成衣制作奠定基础。

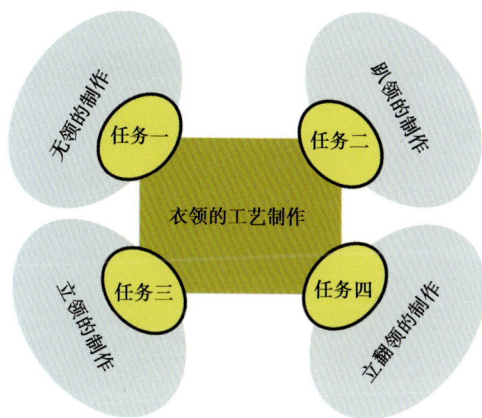

无领的制作 **任务一** 趴领的制作 **任务二**
衣领的工艺制作
立领的制作 **任务三** 立翻领的制作 **任务四**

任务一　无领的制作

任务目标

①了解无领的外形特点,掌握面料性能、丝绺与衣片结构的关系。

②掌握无领的整体工艺流程和操作方法,并能根据要求熟练制作。

③能够进行无领的款式设计制作,并能合理设计其工艺流程。

任务内容

1.产品效果

领口贴边 2 片,宽 4 cm,与领口弯势相符;模拟衣片前后各 1 片。

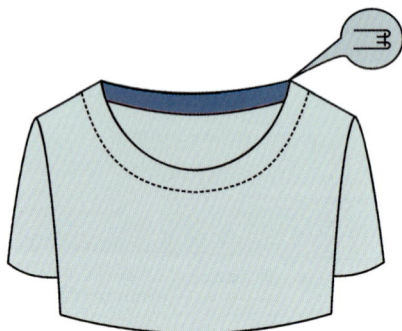

2.工艺要求

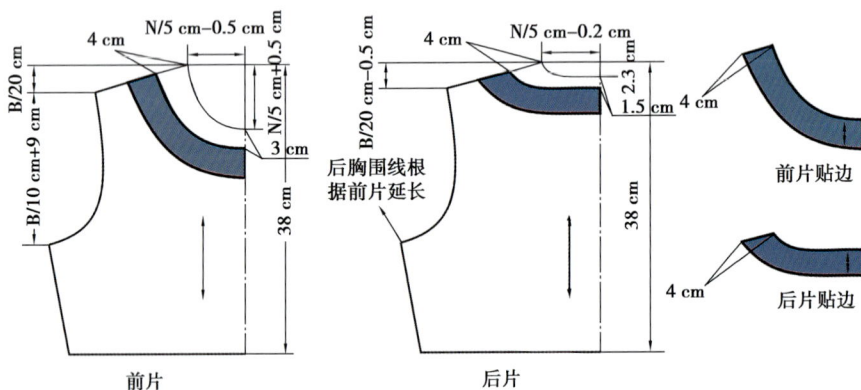

前片　　　　　后片　　　　　前片贴边　后片贴边

3.时间要求

30 min 以内。

4. 工艺流程图

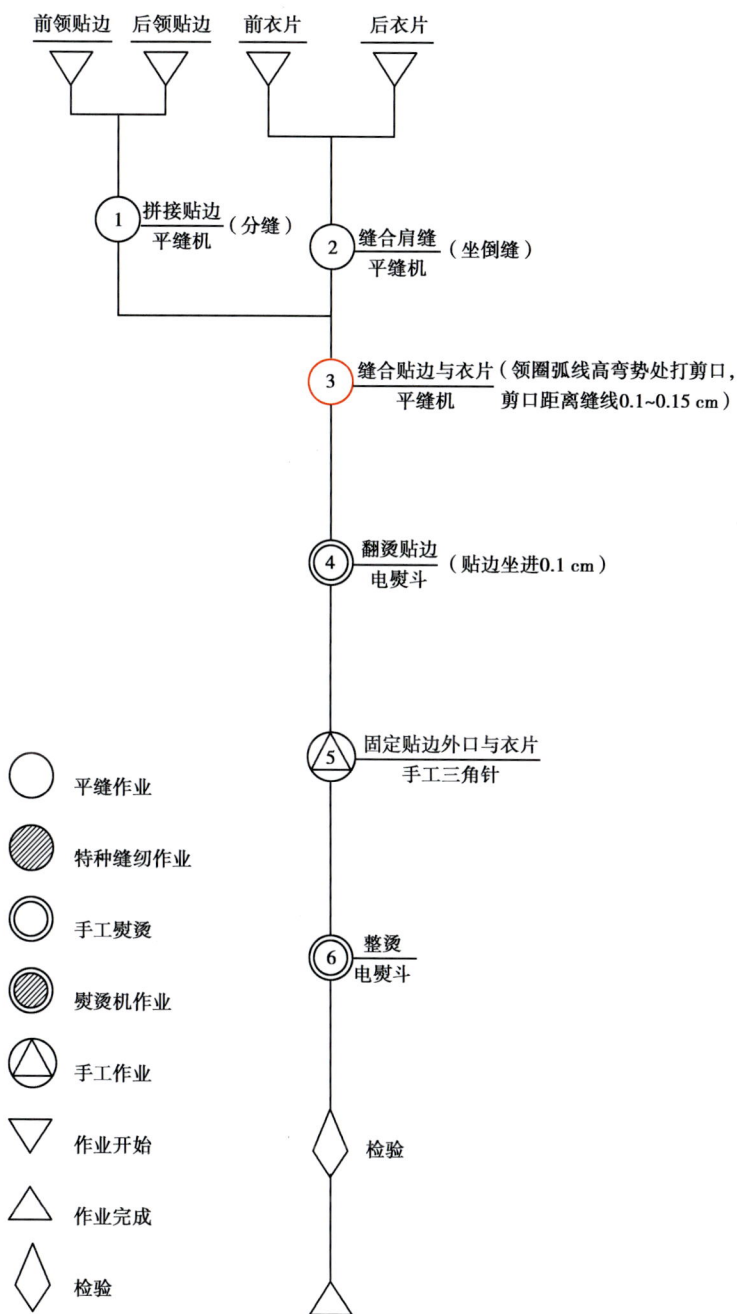

任务评价表

评价项目	分类	质量要求	分值/分	评分标准	得分/分
职业规范与素养	态度	准备充分,遵守纪律,卫生清洁	2	准备不充分,纪律乱,工作环境不整齐,卫生不清洁	
	安全	安全用电,安全使用工具,严格规程操作	3	不按照规程安全用电	
	职业操守	正确操作机器设备,符合"5S"管理要求	5	机器设备操作不规范,不符合"5S"管理要求	
成品	外观	领口造型美观,各部位平服,无丝缕、正反错误(从该项总分扣,扣完为止)	6	明显不平服	
			6	正反一致,丝缕正确,每错一处扣2分	
		成品整烫平服整洁,内外无线头(从该项总分扣,扣完为止)	4	有明显水花、沾污、极光,每处扣2分	
			4	正反面有线头,每处扣1分	
	规格	符合成品规格	5	内贴边宽公差±0.3 cm	
			5	左右肩线长度互差不大于0.2 cm	
	缝制	贴边与衣片服帖	5	贴边与衣片明显不服帖	
			5	领口起涟形	
		缉线顺直,弧线圆顺,翻烫贴边后坐进0.1 cm	5	领口缉线不顺直	
			3	吐止口	
			4	领口不圆顺	
		领口贴边宽窄一致	4	领口贴边宽窄不一致	
		领线位置准确,左右对称	4	领线位置不准确	
			5	领口左右不对称	
		肩线在无领中左右对称,平稳	4	肩线在无领中左右不对称	
			5	领口起涟形	
		缉线顺直、整齐,松紧适宜	4	各部位有漏缉线	
			4	缉线明显弯曲或不整齐	
			3	底面线不适宜	
		针距密度符合国际标准	5	明线针距不符合规定	

5. 制作工艺卡

方法1：

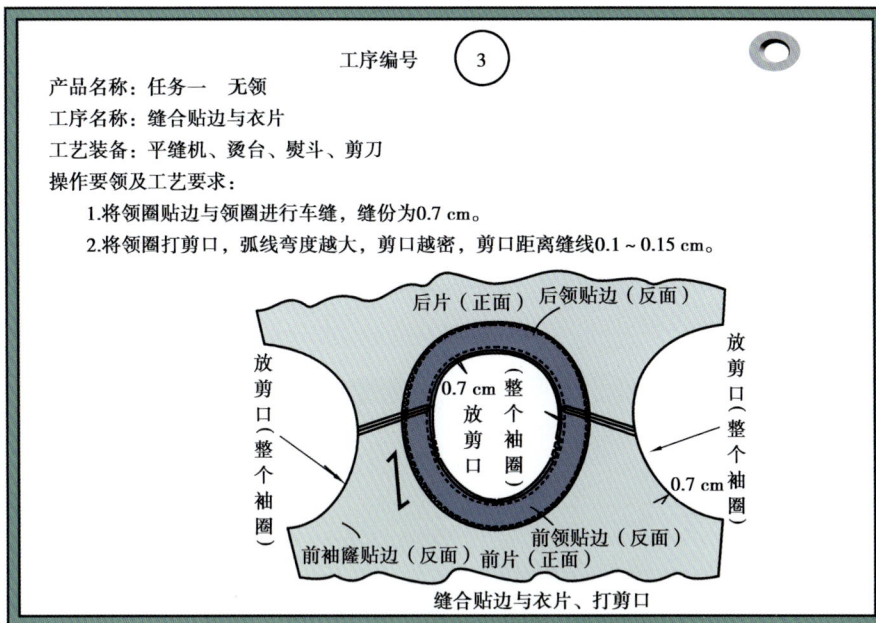

工序编号 ③

产品名称：任务一　无领

工序名称：缝合贴边与衣片

工艺装备：平缝机、烫台、熨斗、剪刀

操作要领及工艺要求：

1.将领圈贴边与领圈进行车缝，缝份为0.7 cm。

2.将领圈打剪口，弧线弯度越大，剪口越密，剪口距离缝线0.1～0.15 cm。

后片（正面）　后领贴边（反面）

放剪口（整个袖圈）

0.7 cm（整个袖圈）　放剪口

前袖窿贴边（反面）　前片（正面）

前领贴边（反面）

0.7 cm

缝合贴边与衣片、打剪口

方法2：

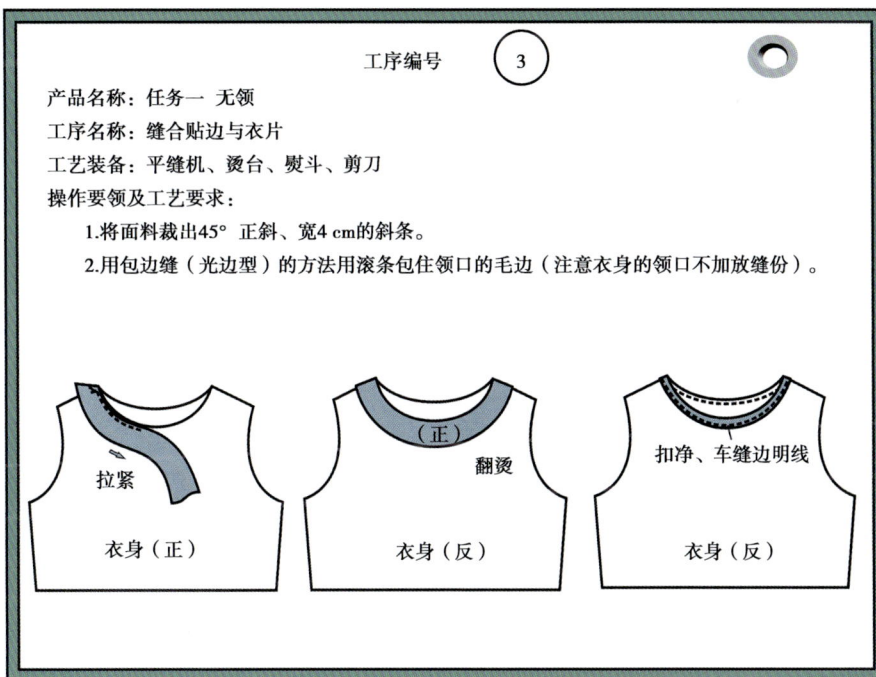

工序编号 ③

产品名称：任务一　无领

工序名称：缝合贴边与衣片

工艺装备：平缝机、烫台、熨斗、剪刀

操作要领及工艺要求：

1.将面料裁出45°正斜、宽4 cm的斜条。

2.用包边缝（光边型）的方法用滚条包住领口的毛边（注意衣身的领口不加放缝份）。

拉紧

衣身（正）

（正）

翻烫

衣身（反）

扣净、车缝边明线

衣身（反）

任务拓展

根据所学知识完成下列两款无领的制作。

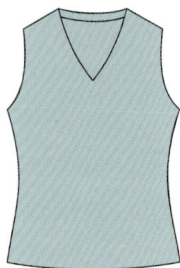

（1）

（2）

任务二　趴领的制作

任务目标

①了解趴领的外形特点,掌握面料性能、丝缕与衣片结构的关系。

②掌握趴领的整体工艺流程和操作方法,并能根据要求熟练制作。

③能够进行趴领的款式设计制作,并能合理设计其工艺流程。

任务内容

1.产品效果

前衣片左右各1片,后衣片1片,领4片,领条1根(宽3 cm,长等于领圈弧长)。

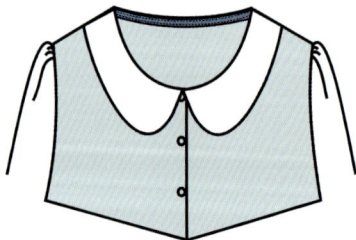

2. 工艺要求

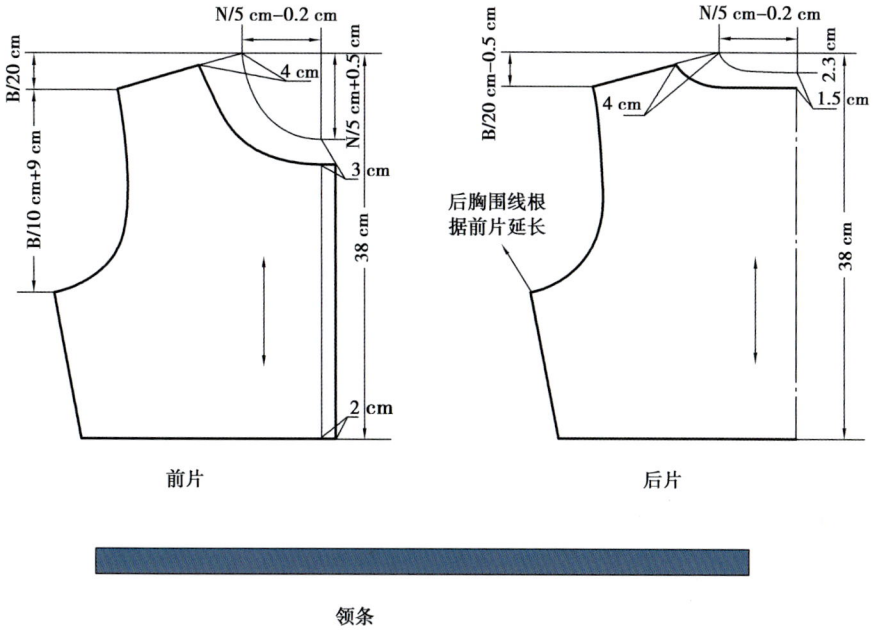

前片

后片

领条

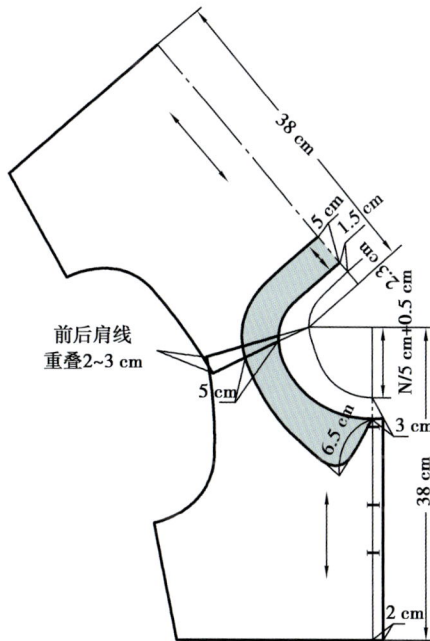

3. 工艺流程图

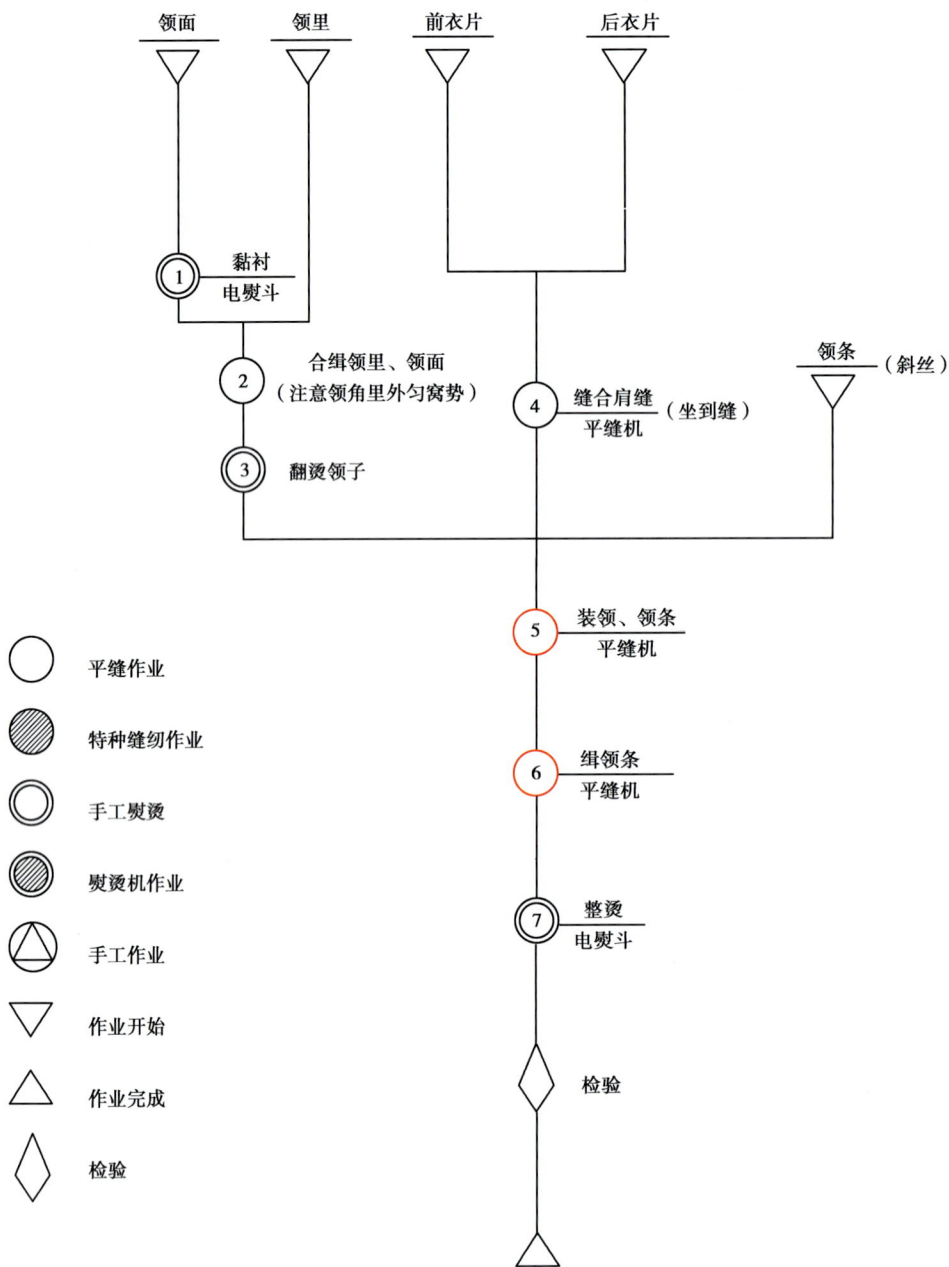

任务评价表

评价项目	分类	质量要求	分值/分	评分标准	得分/分
职业规范与素养	态度	准备充分,遵守纪律,卫生清洁	2	准备不充分,纪律乱,工作环境不整齐,卫生不清洁	
	安全	安全用电,安全使用工具,严格规程操作	3	不按照规程安全用电	
	职业操守	正确操作机器设备,符合"5S"管理要求	5	机器设备操作不规范,不符合"5S"管理要求	
成品	外观	外形美观,各部位平服,无丝绺、正反错误(从该项总分扣,扣完为止)	4	明显不平服	
			6	正反一致,丝绺正确,每错一处扣2分	
		成品整烫平服整洁,内外无线头(从该项总分扣,扣完为止)	6	有明显水花、沾污、极光,每处扣2分	
			4	正反面有线头,每处扣1分	
	规格	符合成品规格	6	领宽公差 ±0.2 cm	
			6	领大公差 ±0.2 cm	
	缝制	领子左右宽窄一致,领里不外吐,止口顺直	6	领子左右宽窄不一致	
			8	领子与颈部不紧密贴合	
			4	领头外翘	
			6	吐止口	
			4	领头没有翻足	
			6	两领头不圆顺、不对称	
			4	领上口线不圆顺	
		缉线顺直、整齐,松紧适宜	5	各部位有漏缉线	
			5	缉线明显弯曲或不整齐	
			5	底面线不适宜	
		针距密度符合国际标准	5	明线针距不符合规定	

4. 制作工艺卡

工序编号　⑤

产品名称：任务二　趴领

工序名称：装领面、领条

工艺装备：平缝机、剪刀

操作要领及工艺要求：

把领头里口与领圈放齐，把挂面向正面折转，再放上斜料布条，将领头夹在中间一起沿领圈缉线0.6 cm。

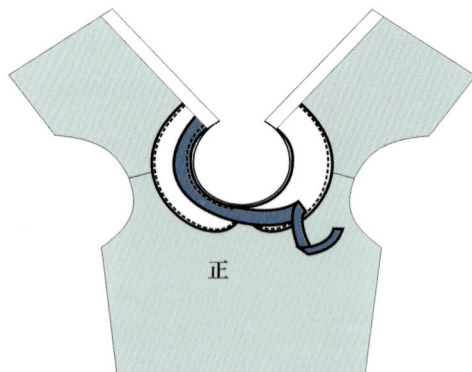

正

工序编号　⑥

产品名称：任务二　趴领

工序名称：缉领条

工艺装备：平缝机、剪刀

操作要领及工艺要求：

把挂面翻进，领头翻上，斜料布条按0.7 cm宽度扣光缝头，兜缉0.1 cm止口固定到衣身领圈部位。

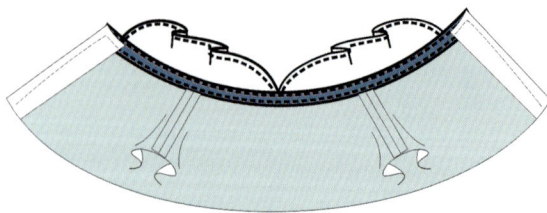

任务拓展

根据所学知识完成下列两款趴领的制作。

（1）

（2）

任务三　立领的制作

任务目标

①了解立领的外形特点,掌握面料性能、丝缕与衣片结构的关系。

②掌握立领的整体工艺流程和操作方法,并能根据要求熟练制作。

③能够进行立领的款式设计制作,并能合理设计工艺流程,提高学生对精湛工艺的赏析能力。

任务内容

1. 产品效果

领围 40 cm，领宽 4 cm。

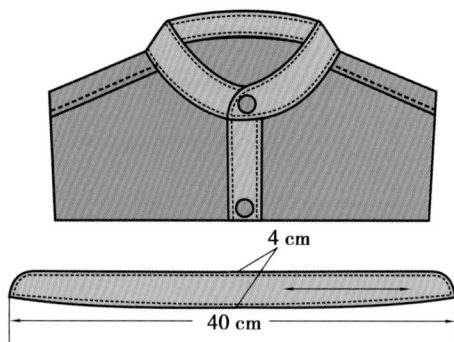

2. 工艺要求

立领面、里各 1 片，直料，在净样结构图上四周各放缝 0.8 cm，无纺黏合衬 2 片，模拟左右前衣片、后衣片各 1 片。

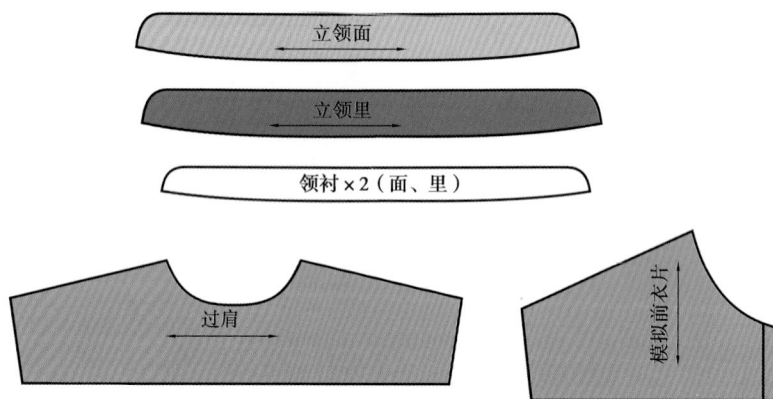

3. 制作时间

45 min。

4. 工艺流程图

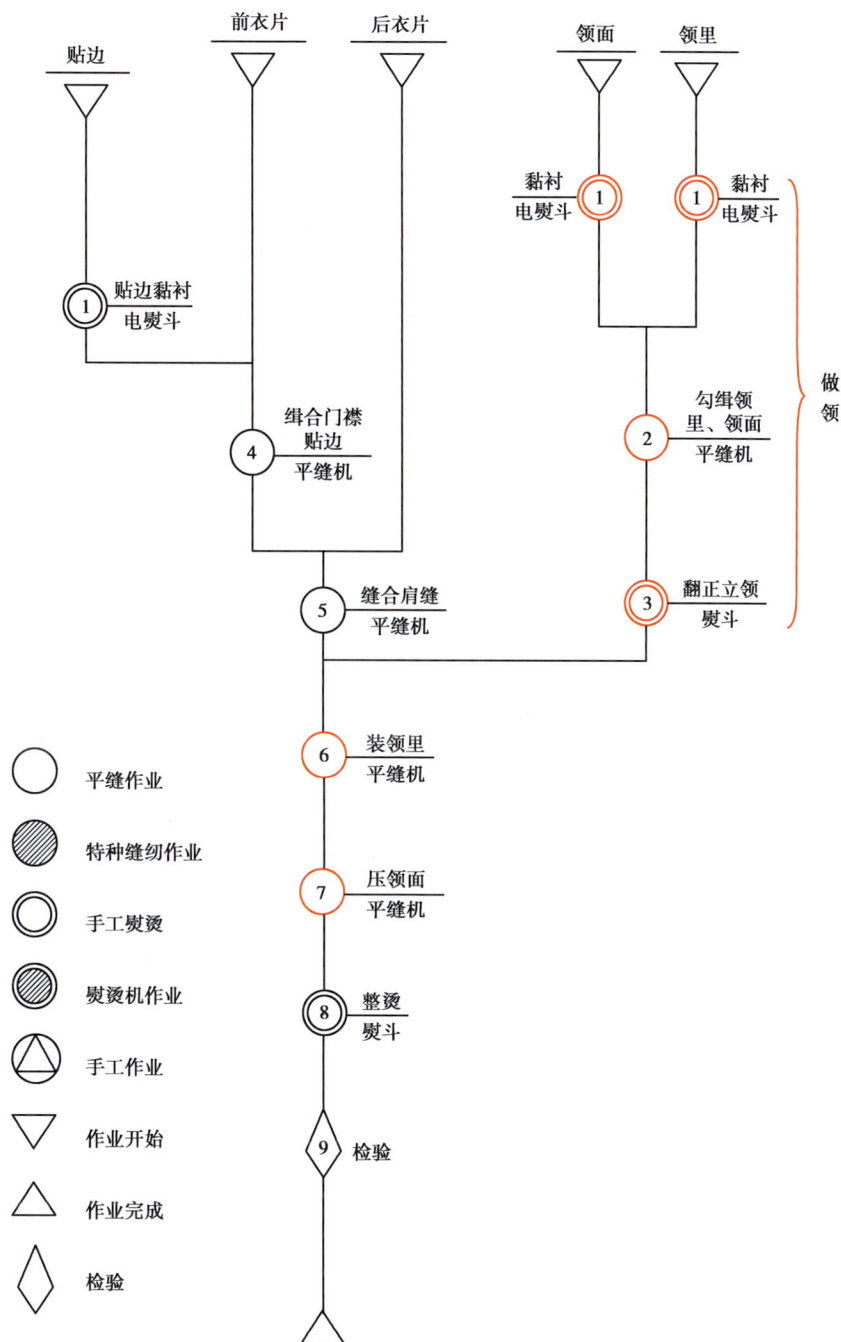

项目八 衣领的工艺制作 **171**

任务评价表

评价项目	分类	质量要求	分值/分	评分标准	得分/分
职业规范与素养	态度	准备充分,遵守纪律,卫生清洁	2	准备不充分,纪律乱,工作环境不整齐,卫生不清洁	
	安全	安全用电,安全使用工具,严格规程操作	3	不按照规程安全用电	
	职业操守	正确操作机器设备,符合"5S"管理要求	5	机器设备操作不规范,不符合"5S"管理要求	
成品	外观	外形美观,各部位平服,无丝缕、正反错误(从该项总分扣,扣完为止)	4	明显不平服	
			6	正反一致,丝缕正确,每错一处扣2分	
		成品整烫平服整洁,内外无线头(从该项总分扣,扣完为止)	6	有明显水花、沾污、极光,每处扣2分	
			4	正反面有线头,每处扣1分	
	规格	符合成品规格	6	领宽公差 ±0.2 cm	
			6	领大公差 ±0.2 cm	
	缝制	领子左右宽窄一致,领里不外吐,止口顺直	6	领子左右宽窄不一致	
			8	领子与颈部不紧密贴合	
			5	领头外翘	
			6	吐止口	
			4	领头没有翻足	
			6	两领头不圆顺、不对称	
			4	领上口线不圆顺	
		缉线顺直、整齐,松紧适宜	5	各部位有漏缉线	
			5	缉线明显弯曲或不整齐	
			5	底面线不适宜	
		针距密度符合国际标准	4	明线针距不符合规定	
时间		在规定的时间内完成		每超过 10 min,扣 5 分	

5.制作工艺卡

工序编号 ① ② ③

产品名称：任务四　立领

工序名称：做领

工艺装备：平缝机、熨斗、烫台

操作要领及工艺要求：

① 领面、里黏衬：由中间向两端进行，在领里上用工艺样板画好净粉线。

② 勾缉领面、领里：正面相叠，领里在上，沿领外口线净粉缉线，领角处里紧面松。

③ 翻正立领：缝头扣向领面，缉线坐出0.1 cm，翻正烫平，做好装领标记。

领里（反）黏衬

领面（反）黏衬

领里（反）黏衬

净粉线

①

②

③

工序编号 ⑥

产品名称：任务四　立领

工序名称：装领

工艺装备：平缝机、剪刀

操作要领及工艺要求：

⑥ 装领：将领里的正面与衣片的反面相叠，对准肩点及后领中心点，缉合领子与领圈，缝份0.8 cm。

贴着领面的折扣线车缉
0.8 cm
装领起点
肩缝
后领中心
肩缝

领面（正）

右前片（反）　　后片（反）　　左前片（反）

装领

工序编号 ⑦

产品名称：任务四 立领

工序名称：压领

工艺装备：平缝机、剪刀

操作要领及工艺要求：

⑦ 将领圈及领里的缝份拔向领里，然后在领面上压缉0.1~0.15 cm的明线。

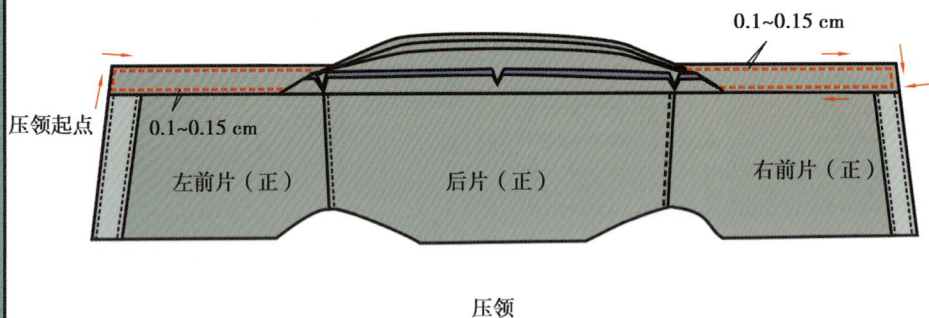

0.1~0.15 cm

压领起点

0.1~0.15 cm

左前片（正）　　　后片（正）　　　右前片（正）

压领

任务拓展

以小组合作的形式,观察分析以下两款案例,讨论其制作方法,设计其工艺流程并完成产品的制作。

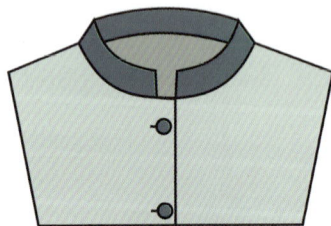

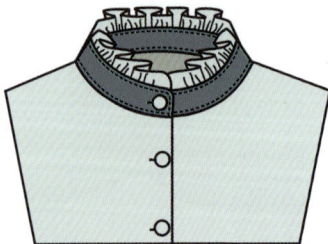

立领的款式变化

任务四　立翻领的制作

任务目标

①了解立翻领的外形特点,掌握面料性能、丝缕与衣片结构的关系。

②掌握立翻领的整体工艺流程和操作方法,并能根据要求熟练制作。

③能够进行立翻领的款式设计制作,并能合理设计其工艺流程,提高学生对精湛工艺的赏析能力。

任务内容

1.产品效果

领围 39 cm,其他数据见图示。

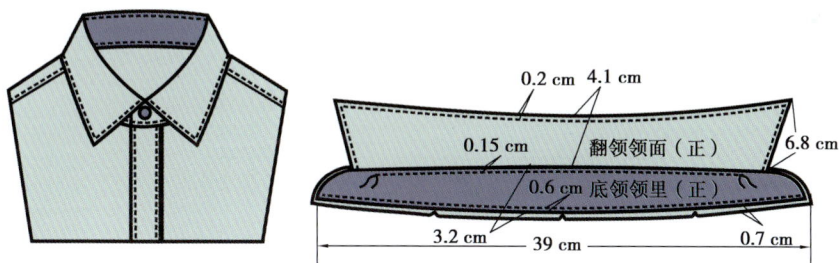

2.工艺要求

翻领面、里各 1 片,直料,翻领的下口线及底领上口线放缝 0.6 cm,其余各部位放缝 1 cm。翻领面用涤棉树脂衬,斜料,净样、翻领里无纺黏合衬 1 片(如领面用无纺黏合衬,可用毛样);底领面、里各 1 片,无纺黏合衬各 1 片。

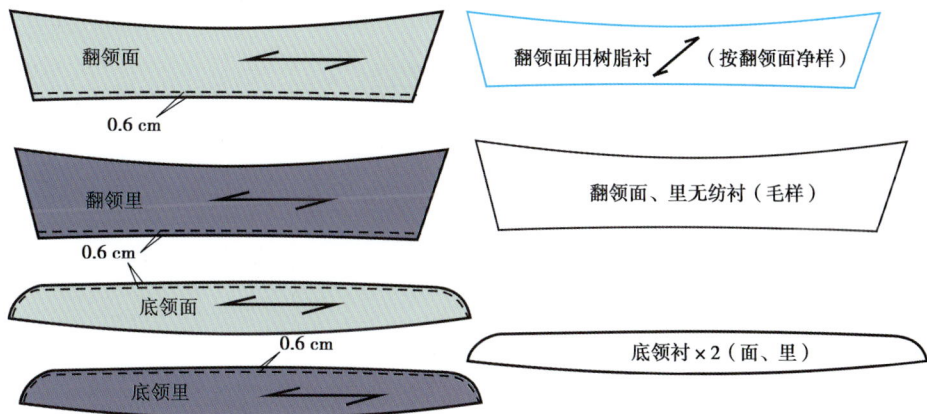

3.制作时间

45 min。

4. 工艺流程图

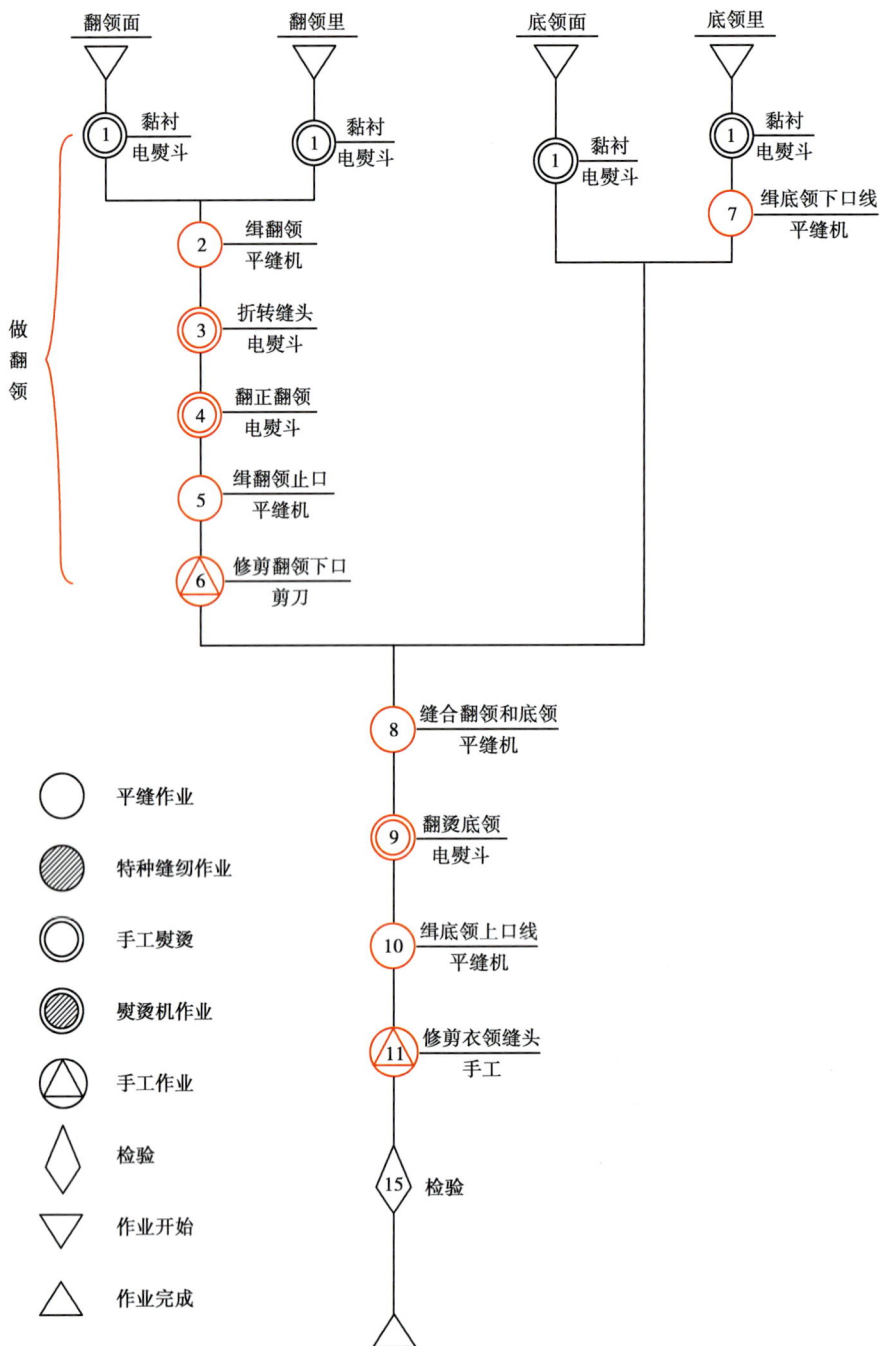

任务评价表

评价项目	分类	质量要求	分值/分	评分标准	得分/分
职业规范与素养	态度	准备充分,遵守纪律,卫生清洁	2	准备不充分,纪律乱,工作环境不整齐,卫生不清洁	
	安全	安全用电,安全使用工具,严格规程操作	3	不按照规程安全用电	
	职业操守	正确操作机器设备,符合"5S"管理要求	5	机器设备操作不规范,不符合"5S"管理要求	
成品	外观	外形美观,各部位平服,无丝绺、正反错误(从该项总分扣,扣完为止)	4	明显不平服	
			4	正反一致,丝绺正确,每错一处扣2分	
		成品整烫平服整洁,内外无线头(从该项总分扣,扣完为止)	4	有明显水花、沾污、极光,每处扣2分	
			4	正反面有线头,每处扣1分	
	规格	符合成品规格	5	领大公差±0.6 cm	
			5	翻领宽公差±0.2 cm	
			5	底领宽公差±0.2 cm	
			5	前领角公差±0.2 cm	
	缝制	领头平挺,两领角长短一致,并有窝势	5	两领角大小公差±0.2 cm	
			3	领角外翘	
			4	吐止口	
			4	领尖没有翻足	
			4	两领头不圆顺、不对称	
		领头无起皱,无起泡,缉领止口宽窄一致,无涟形	5	领面起泡,不平服	
			4	缉领止口线宽窄不一致	
			5	领子起涟形	
		缉底领下口线要顺直,缉线0.6 cm,留缝头0.7 cm	2	底领领里下口线不顺直	
			3	缉线公差±0.2 cm	
			2	预留缝头不符合规定	
		缉线顺直、整齐,松紧适宜	3	各部位有漏缉线	
			4	缉线明显弯曲或不整齐	
			3	底面线不适宜	
		针距密度符合国际标准	3	明线针距不符合规定	
	时间	在规定的时间内完成		每超过10 min,扣5分	

5. 制作工艺卡

工序编号 ②

产品名称：任务三　立翻领的制作

工序名称：缉翻领

工艺装备：平缝机

操作要领及工艺要求：

　　翻领领面和领里正面相叠，沿树脂衬边0.1~0.2 cm（毛衬则沿精粉线）缉线，缉线时领里拉紧，领面略松，领角部位要有里外匀窝势。

0.1~0.2 cm
翻领面（反）树脂衬
翻领面（反）
翻领里（正）
方法1

翻领里（反）无纺衬
翻领面（正）
方法2

工序编号 ③ ④ ⑤ ⑥

产品名称：任务三　立翻领的制作

工序名称：折转缝头、翻正翻领、缉翻领止口、修剪翻领下口

工艺装备：熨斗、平缝机、剪刀

操作要领及工艺要求：

　　③折转缝头：缝头对齐，领角处留缝头0.2 cm，上口和两边向领衬方向折转，扣烫翻领缝头。领角要特别注意烫尖、烫煞。

　　④翻正翻领：用手指捏住领角轻轻翻出，然后左手放在领里、领面中间，中指顶住缉线，使做缝整齐，衬头衬足，夹里不反吐，烫平、烫煞，两领角对称。

翻领领里（正）
④翻正翻领

　　⑤缉翻领止口：翻领领面朝上，根据要求缉0.2 cm止口。缉线时，注意领里止口不外吐，将领面略向前推送，防止领面起涟。

0.2 cm
⑤缉翻领止口　对档眼刀

　　⑥修剪翻领下口：领里在上，夹里略紧于面，将形成窝势和领角上翘的领里、领面下口缉牢（或用双面胶将两层黏合固定），缉线不能超过净线。两领角对合检查，左右对称，沿领衬下口修齐，中间做对档眼刀。

产品名称：任务三 立翻领的制作

工序名称：缉底领下口线

工艺装备：平缝机

操作要领及工艺要求：

　　沿底领衬下口，将领里的0.8 cm缝头，边折转边熨烫，正面缉0.6 cm线固定，并在上口做好装翻领眼刀和中心眼刀。

底领领里（正）

0.6 cm

产品名称：任务三 立翻领的制作

工序名称：缝合翻领和底领

工艺装备：平缝机、剪刀

操作要领及工艺要求：

　　底领领面和领里正面相叠，中间夹入翻领，三层眼刀分别对准，沿底领的净衬边缉线，因为裁剪时翻领比底领长0.6 cm，所以底领在两侧肩缝处要稍拔长一些。

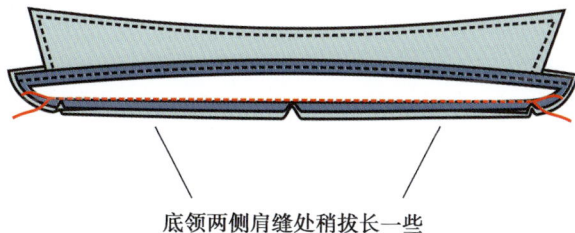

底领两侧肩缝处稍拔长一些

工序编号 ⑨ ⑩

产品名称：任务三 立翻领的制作

工序名称：翻烫底领

工艺装备：熨斗、烫台

操作要领及工艺要求：

⑧ **翻烫底领**：将底领两端圆头的内缝修成0.3 cm宽，用大拇指顶住圆头缉线翻出，圆头要圆顺，止口不反吐，缝头要烫平。

⑩ **缉底领上口线**：沿底领领里上口缉0.15 cm止口线，起落针均在领口里侧。

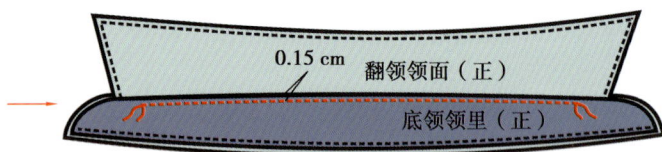

0.15 cm 翻领领面（正）
底领领里（正）

工序编号 ⑪

产品名称：任务三 立翻领的制作

工序名称：修剪底领缝头

工艺装备：熨斗、烫台

操作要领及工艺要求：

底领领面的缝头要比领里多0.7 cm。然后做好对肩眼刀、对后领圈中心眼刀。

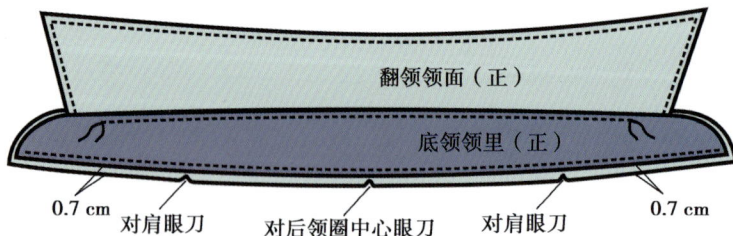

翻领领面（正）
底领领里（正）
0.7 cm 对肩眼刀 对后领圈中心眼刀 对肩眼刀 0.7 cm

任务拓展

参照图示完成下列三款领型的制作。

（1）

（2）

（3）

成衣篇

　　本模块主要学习服装工艺流程图(也称服装工序分析图)的编写,服装的具体缝制过程可根据流程图按照实践篇的相关操作顺序完成。

　　服装工艺流程是服装或服装某部件在流水作业的生产加工的路线和程序。服装工艺流程图是将其加工的路线按照顺序以图示的形式表达出来,便于指导生产。

　　这里编写了几款常见服装的工艺流程图实例,以便大家参考。

>>>>>>>> 项目一

女衬衫

　　整体服装的工艺流程是由各个部件分部组合的,在编写时可分部件进行。我们先梳理清楚整体服装的制作路线,依次编写完成各个部件的工艺流程图,再将其综合起来绘制出整件服装的工艺流程图。

图 3-1-1　女衬衫款式图

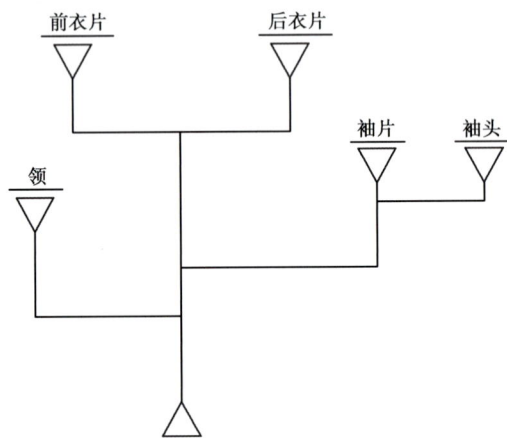

图 3-1-2　成衣整体工艺流程图

前衣片　　　　门里襟衬

烫贴门里襟衬
蒸汽熨斗

烫折门里襟贴边
蒸汽熨斗

门里襟拷边
拷边机

缝胸省（侧胸省、腰省）
平缝机

缝合门里襟角与底边
平缝机

翻转门里襟角与底边并熨烫
蒸汽熨斗

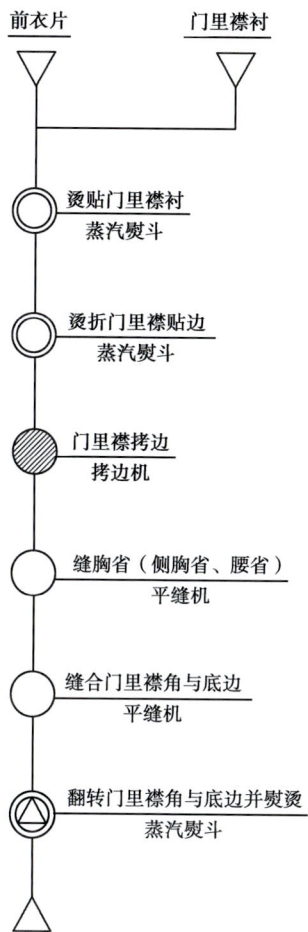

图 3-1-3　前衣片工艺流程图

后衣片

缝肩省
平缝机

缝腰省
平缝机

图 3-1-4　后衣片工艺流程图

领里　　　　领面　　　　领衬

燙贴领衬
蒸汽熨斗

缝合领片面、里
平缝机

修剪、翻转领尖
剪刀

翻转、熨烫衣领
蒸汽熨斗

缉领边止口明线
平缝机

做装领标记
平缝机

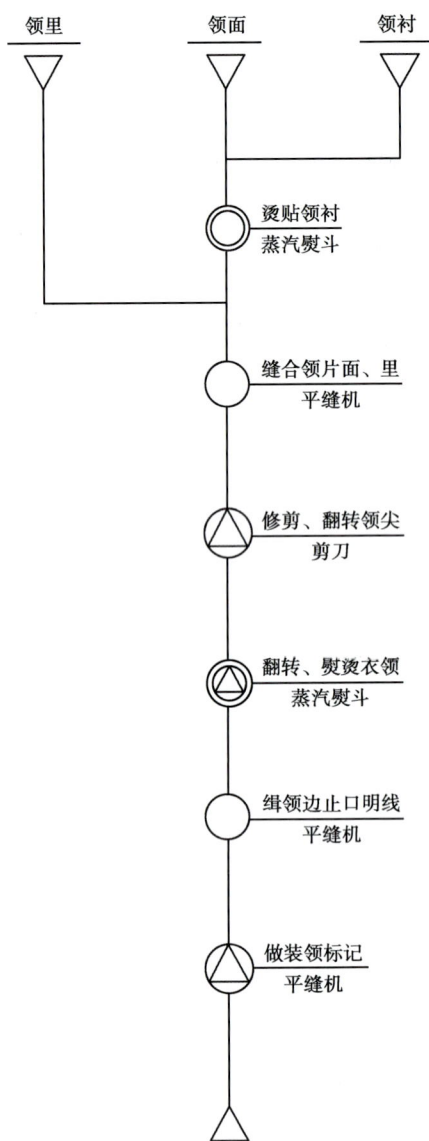

图 3-1-5　衣领工艺流程图

袖衩贴边　　　袖片　　　袖头面　　　袖头衬　　　袖头里

烫贴袖头衬
蒸汽熨斗

缝合袖头面、里
平缝机

缝合袖衩贴边
平缝机

修剪袖头并翻转
剪刀

袖底保险缝
保险缝机

熨烫袖头
蒸汽熨斗

装袖头
平缝机

缉袖头止口明线
平缝机

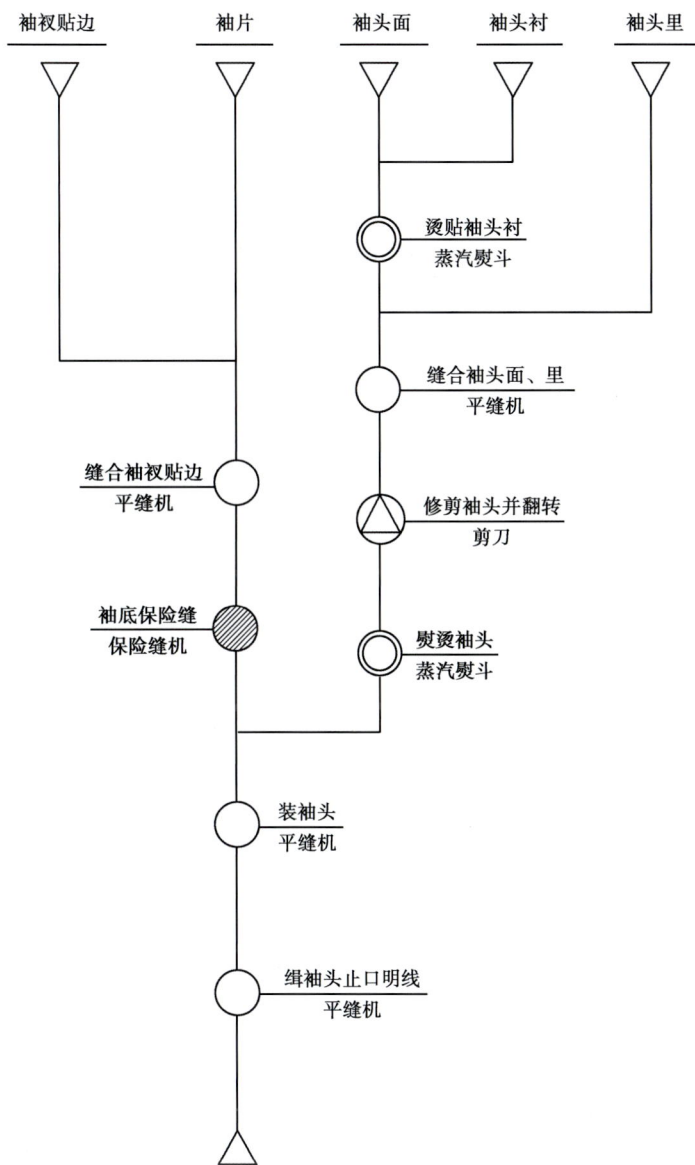

图 3-1-6　衣袖工艺流程图

后衣片　前衣片　门里襟衬

领面

领里　领衬

袖衩贴边　　袖片　　袖头面　袖头衬

袖头里

烫贴里襟衬
蒸汽熨斗

烫折门里襟贴边
蒸汽熨斗

门里襟拷边
拷边机

缝胸省
（侧胸省、腰省）
平缝机

缝合门里襟
角与底边
平缝机

翻转门里襟角
与底边并熨烫
蒸汽熨斗

合肩缝拷边
拷边机

合侧缝拷边
拷边机

上袖保险缝
保险缝机

烫贴领衬
蒸汽熨斗

缝合领片面、里
平缝机

修剪、翻转领尖
剪刀

翻转、熨烫衣领
蒸汽熨斗

绱领边止口明线
平缝机

做装领标记
手工

缝肩省
平缝机

缝腰省
平缝机

规格商标

缝合袖衩贴边
平缝机

袖底保险缝
保险缝机

烫贴袖头衬
蒸汽熨斗

缝合袖头面、里
平缝机

修剪袖头并翻转
剪刀

熨烫袖头
蒸汽熨斗

装袖头
平缝机

绱袖头止口明线
平缝机

商标

装领、压领
平缝机

装商标
平缝机

卷底边
平缝机

纽扣7枚

锁眼
锁眼机

送整烫包装

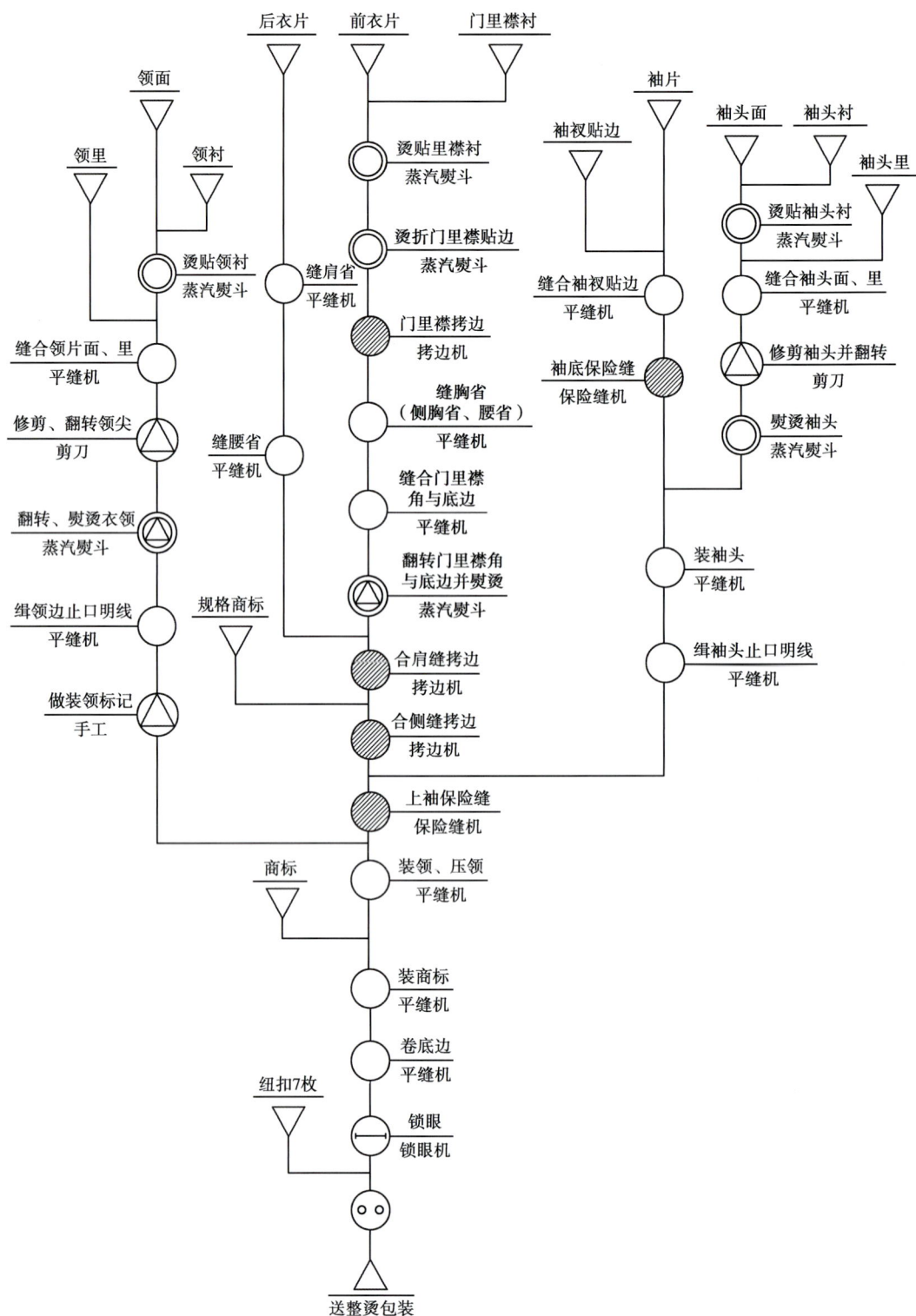

图 3-1-7　女衬衫工艺流程图

图 3-2-1　男衬衫款式图

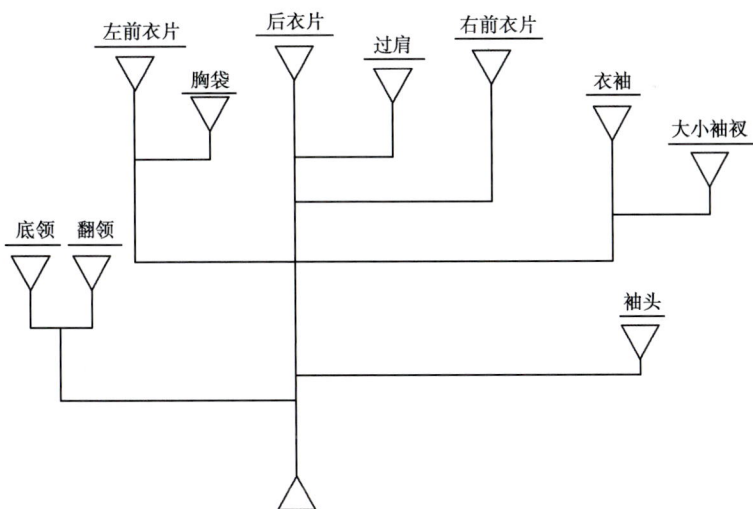

图 3-2-2　成衣整体工艺流程图

翻领

▽

黏衬
熨斗

勾翻领面、里
平缝机（带侧切刀）

翻烫翻领、包领角
熨斗/翻领机

底领

▽

黏衬
熨斗

绱底领下口
平缝机(导边器)

绱翻领明线
平缝机（挡边压脚）

接缝翻底
平缝机

修剪接缝
案板

绱接缝处明线
平缝机（高低压脚）

修剪底领下口，划对位记号
案板

△

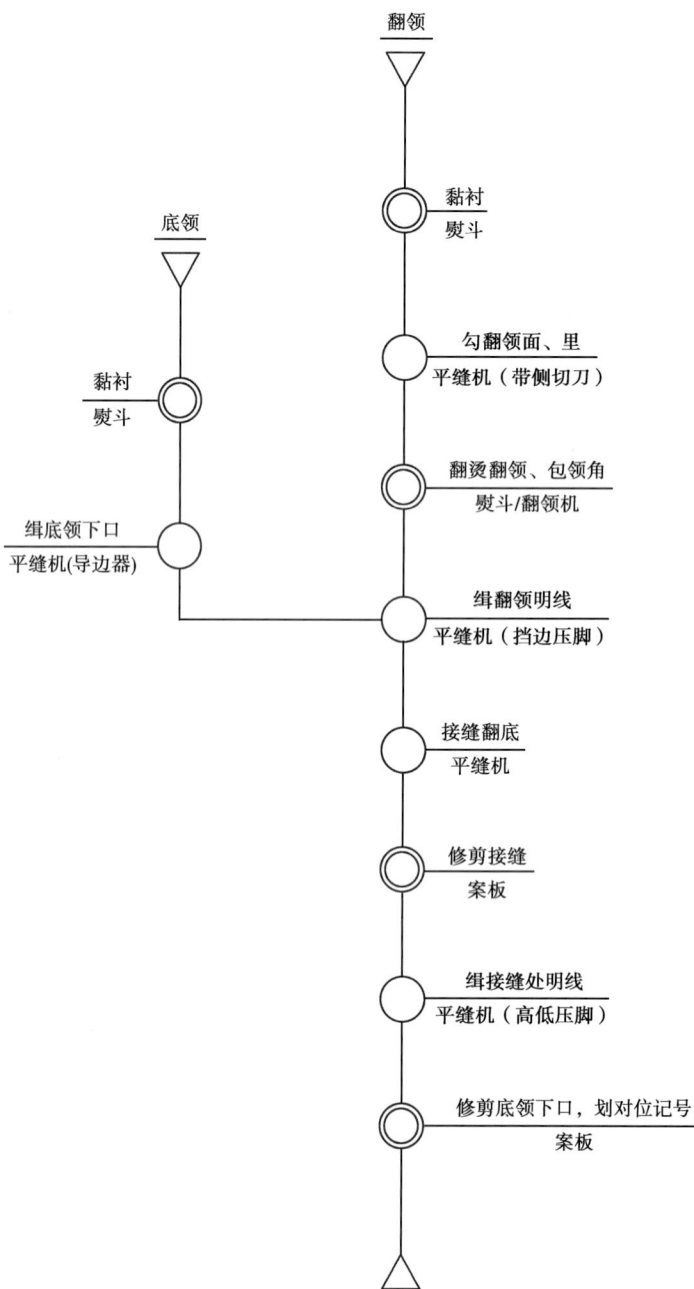

图 3-2-3　衣领工艺流程图

过肩面　　　后片

过肩里

商标

缉商标
平缝机

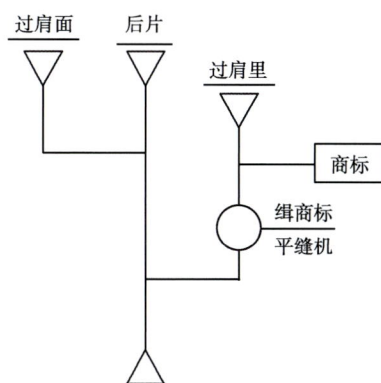

图 3-2-4　后衣片过肩工艺流程图

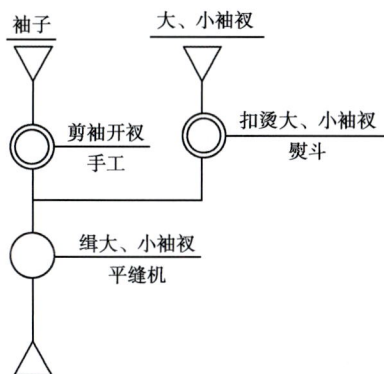

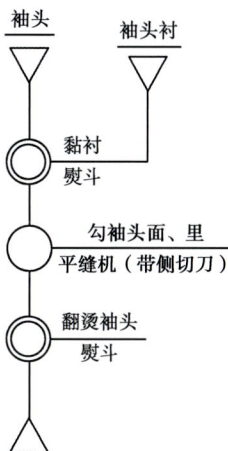

袖子　　　大、小袖衩

剪袖开衩
手工

扣烫大、小袖衩
熨斗

缉大、小袖衩
平缝机

袖头　　　袖头衬

黏衬
熨斗

勾袖头面、里
平缝机（带侧切刀）

翻烫袖头
熨斗

图 3-2-5　袖子及袖头工艺流程图

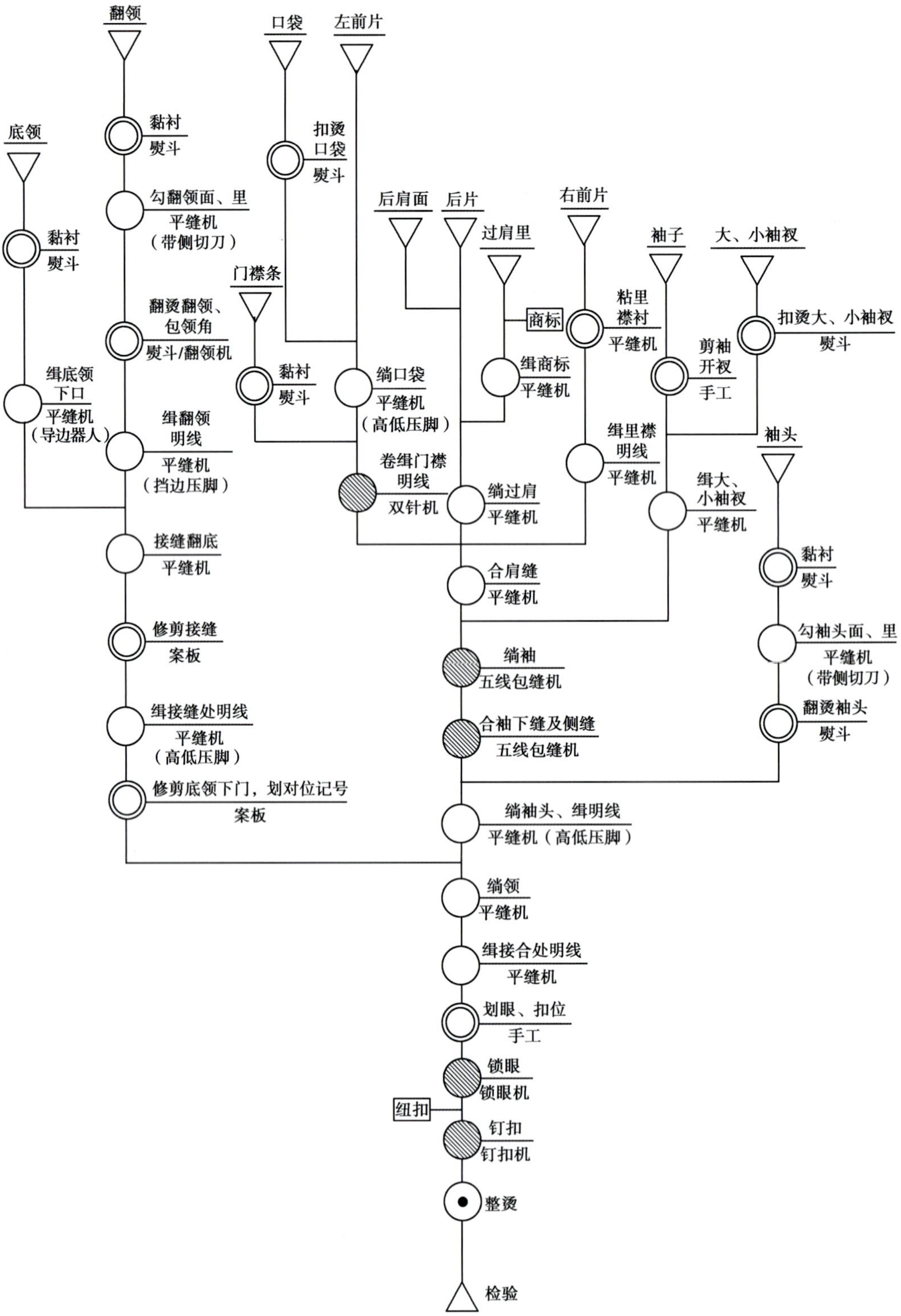

翻领

底领

口袋　左前片

黏衬　熨斗

黏衬　熨斗

勾翻领面、里　平缝机（带侧切刀）

扣烫口袋　熨斗

后肩面　后片　右前片

过肩里

门襟条

袖子　大、小袖衩

翻烫翻领、包领角　熨斗/翻领机

商标

粘里襟衬　平缝机

扣烫大、小袖衩　熨斗

缉底领下口　平缝机（导边器人）

黏衬　熨斗

缉口袋　平缝机（高低压脚）

缉商标　平缝机

剪袖开衩　手工

缉翻领明线　平缝机（挡边压脚）

卷缉门襟明线　双针机

缉里襟明线　平缝机

袖头

接缝翻底　平缝机

缉过肩　平缝机

缉大、小袖衩　平缝机

黏衬　熨斗

修剪接缝　案板

合肩缝　平缝机

勾袖头面、里　平缝机（带侧切刀）

缉接缝处明线　平缝机（高低压脚）

缉袖　五线包缝机

翻烫袖头　熨斗

修剪底领下门，划对位记号　案板

合袖下缝及侧缝　五线包缝机

缉袖头、缉明线　平缝机（高低压脚）

缉领　平缝机

缉接合处明线　平缝机

划眼、扣位　手工

锁眼　锁眼机

纽扣

钉扣　钉扣机

整烫

检验

图 3-2-6　男衬衫 T 艺流程图

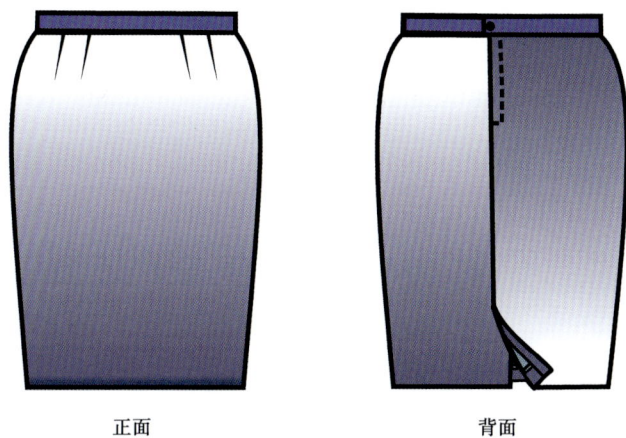

图 3-3-1　西服裙款式图

正面　　　　　　　　　背面

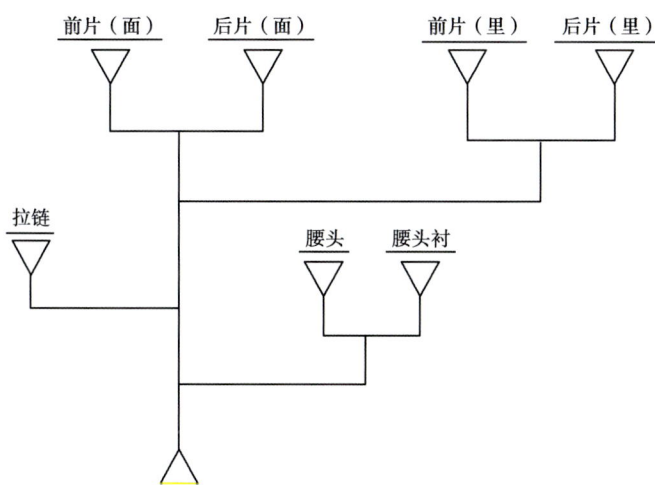

图 3-3-2　成衣整体工艺流程图（加里子）

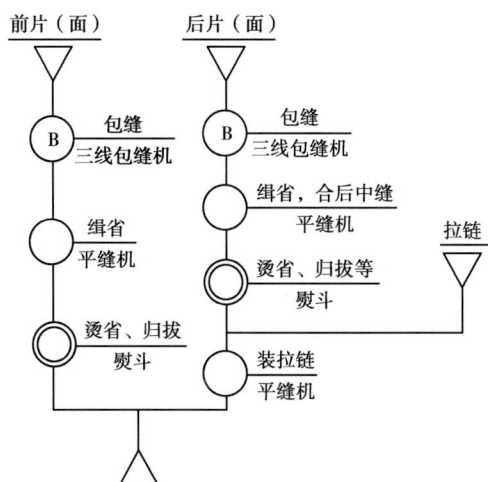

图 3-3-3　前后裙片工艺流程图

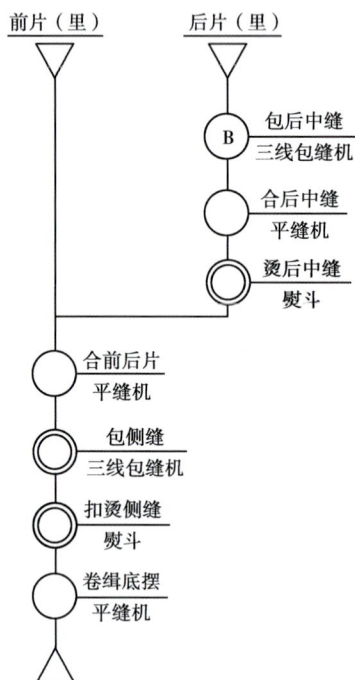

图 3-3-4　裙里工艺流程图

前片（面）　　后片（面）　　　　　　前片（里）　　后片（里）

包缝
三线包缝机

包缝
三线包缝机

包后中缝
三线包缝机

缉省
平缝机

缉省，合后中缝
平缝机

合后中缝
平缝机

烫省、归拔
熨斗

烫省、归拔等
熨斗

烫后中缝
熨斗

拉链

装拉链
平缝机

合前后片
平缝机

包侧缝
三线包缝机

合侧缝
平缝机

扣烫侧缝
熨斗

裙腰　　腰衬

烫侧缝，固定下摆
熨斗

卷缉底摆
平缝机

黏衬
熨斗

缉里子
平缝机

缉缝腰两头
平缝机

固定后开叉，拉线袢
手工

翻烫腰两头
熨斗

纽扣

缉腰头
平缝机

锁眼
锁眼机

钉扣
钉扣机

整烫
熨斗

检验

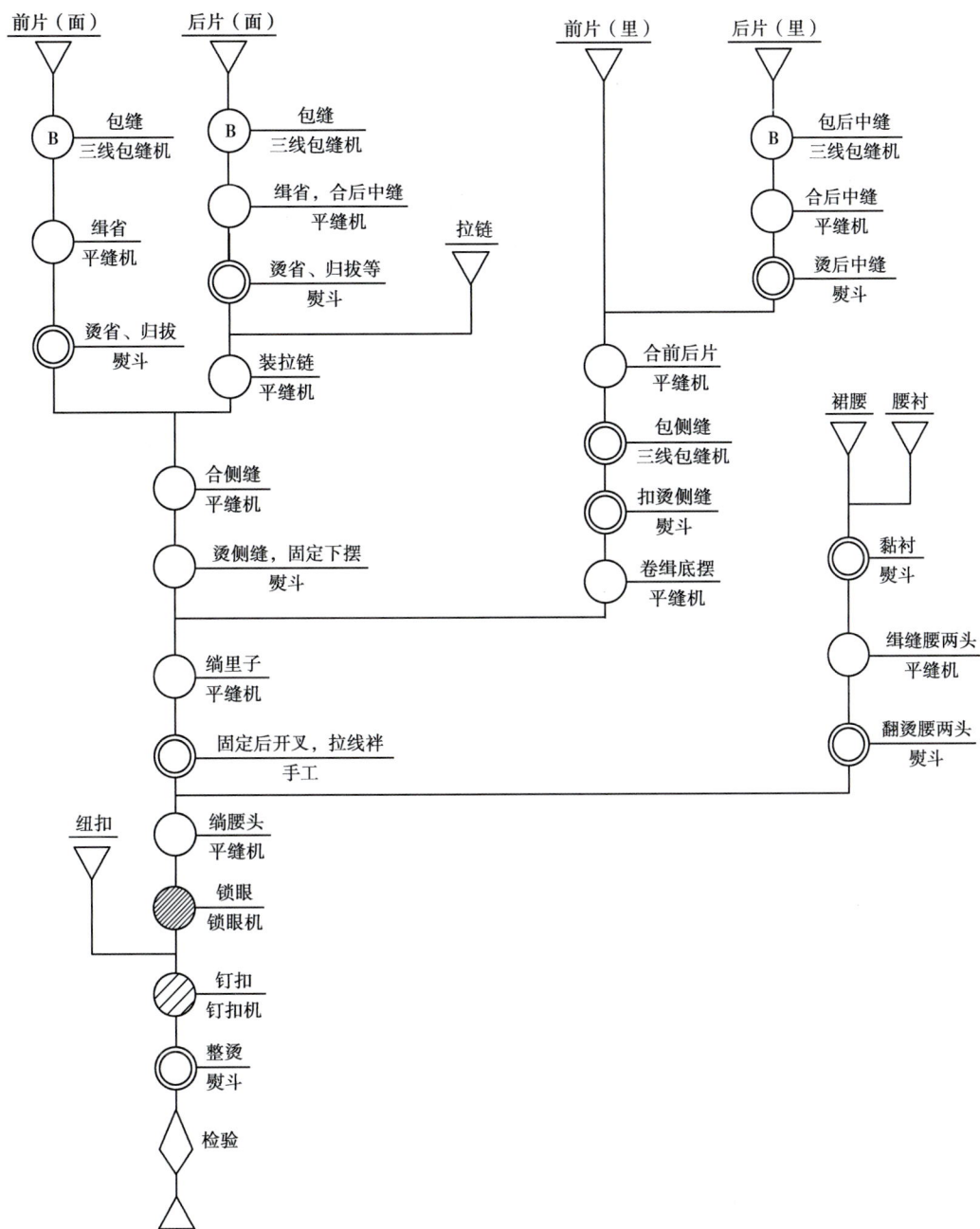

图 3-3-5　西服裙工艺流程图